Pattern
and Design
of Woman's
Garment

Woman's Garment

女式成衣
款式设计与纸样

王威仪 陈改梅◎编著

U0241721

中国纺织出版社

内 容 提 要

　　成衣纸样设计是拓展款式设计的技术手段，本书在工业生产实践的基础上，建立了基本纸样技术体系，以裙装、裤装、衬衫、西装、连衣裙五个品类的46款案例，阐述了纸样设计与款式变化的基本原理、造型技术以及变化规律，并对样板设计方法与制作规范做了详尽的介绍。

　　本书内容由浅入深，案例数据经过验证，步骤清晰，实用性和可操作性强，可供各类服装院校的师生使用，也可作为时装设计师、服装技术人员、服装专业培训机构的参考用书。

图书在版编目（CIP）数据

　　女式成衣款式设计与纸样/王威仪，陈改梅编著.
—北京：中国纺织出版社，2016.6
　　ISBN 978-7-5180-1053-0

　　Ⅰ．①女…　Ⅱ．①王…　②陈…　Ⅲ．①女服-款式设计-纸样设计　Ⅳ．①TS941.717

　　中国版本图书馆CIP数据核字（2014）第225510号

策划编辑：杨美艳　　责任编辑：陈静杰　　责任校对：王花妮
责任设计：何　建　　责任印制：王艳丽

中国纺织出版社出版发行
地址：北京市朝阳区百子湾东里A407号楼　邮政编码：100124
销售电话：010－67004422　传真：010－87155801
http://www.c-textilep.com
E-mail:faxing@c-textilep.com
中国纺织出版社天猫旗舰店
官方微博http://weibo.com/2119887771
北京通天印刷有限责任公司印刷　各地新华书店经销
2016年6月第1版第1次印刷
开本：787×1092　1/16　印张：13.25
字数：187千字　定价：49.80元

凡购本书，如有缺页、倒页、脱页，由本社图书营销中心调换

PREFACE

前言

  服装纸样设计是服装成品实现过程中一个不可或缺的环节。纸样设计是服装款式设计和工艺设计之间的一座桥梁，既是款式设计的延伸，又是工艺设计的基础，起着承上启下的关键作用。

  目前服装纸样设计的方法大体可分为两种：比例法和原型法。两大理论学派都从不同的角度揭示了服装与人体的结构关系。原型法以人体尺寸为依据，能够更加深入地研究人体，造型灵活，适用于当今追求标新立异的款式。比例法则是以成品尺寸为计算依据，直接绘图，速度较快。不论采用哪种制板方法，其目的都是一致的，那就是使服装满足人的着装需要。这种一致性又使得各种方法之间有着内在的联系。本书通过对两种方法的大量研究，结合工业生产的操作习惯，建立了一套基本纸样技术体系。基本纸样可以使设计师们在制图时比较容易找到相对应的设计依据，使设计过程更快捷、更合理、更适用。基本纸样技术体系是一种优势互补的制板方法，不仅有助于提高板型的理想化程度，同时有助于提高样板设计的工作效率和准确性。

  本书摒弃了高深奥妙的学术理论，着眼于服装工业生产经验的总结，在基本纸样技术理论的指导下，通过具体化、精确化、数据化的技术应用，使板型设计过程不再是凭感觉的臆断，而是有规律、有据可依的理性流程和创意实现的过程。希望通过对本书的学习，能有效地帮助从业者深刻理解服装板型设计，从中找到服装板型设计的本质。

  在本书的编写过程中，得到了服装行业朋友们的大力支持和帮助，中国纺织出版社的编辑也给予了很多的帮助，若没有大家的鼎力相助，本书也不会顺利出版，在此一并表示感谢。

  由于服装工艺日新月异及笔者的局限性，书中疏漏和不足之处在所难免，敬请批评指正。

王威仪

2016年3月28日

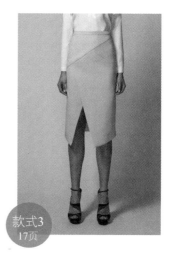

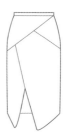

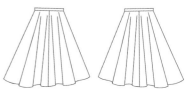

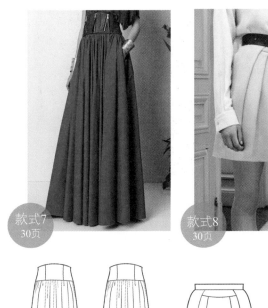

款式7
30页

款式8
30页

款式9
30页

款式10
38页

款式11
38页

款式12
38页

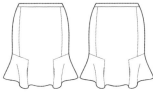

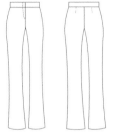

款式19
66页

款式20
66页

款式21
76页

款式22
76页

款式23
76页

款式24
97页

款式25
97页

款式26
105页

款式27
105页

款式28
105页

款式29
113页

款式30
113页

款式31
113页

款式32
124页

款式33
124页

款式34
136页

款式35
136页

款式36
144页

款式37
144页

款式38
158页

款式39
158页

款式40
158页

款式41
158页

款式42
178页

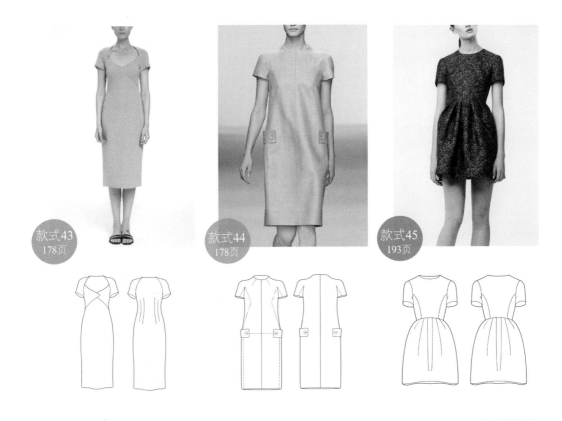

款式43
178页

款式44
178页

款式45
193页

款式46
193页

目录
CONTENTS

第一章

成衣结构设计基础知识

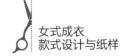

第一节
基本概念

号型 号，指人体的身高，以厘米（cm）为单位表示，是设计和选购服装长短的依据。型，指人体的胸围或腰围，以厘米（cm）为单位表示，是设计和选购服装肥瘦的依据。号型对设计师来说非常重要，通过号型能够把身体的比例关系转化成二维纸样进而实现三维服装。不同国家的号型表示方法各不相同。我国的号型范围为145～180号；英国的号型范围为6～22号；欧洲的号型范围为34～52号；美国的号型范围为2～18号。

女装尺码换算参照表

中国（cm）	155/80	160/84	165/88	170/92	175/96
国际标准	XS	S	M	L	XL
美国	2	4	6	8	10
欧洲	34	36	38	40	42

原型 世界上各种物体都具有不同的形态，能够反映其特征的基本形状，称之为原型。能够反映人体基本信息的服装样板，称之为服装原型。服装原型是进行服装结构制图和变化的基础。在原型的基础上，可以衍生出很多复杂的设计。绘制原型时假设人体完全对称，因此只需绘制出人体的1/2造型。

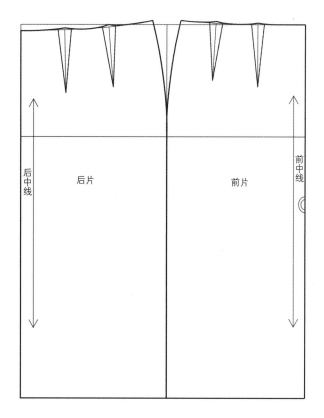

后中线　　后片　　前片　　前中线

纸样　纸样是立体服装的平面表达，设计师通过纸样把平面的面料转化成三维形态。最终的纸样包含一系列不同形状的纸板，通过把纸样拓到面料上并进行裁剪和缝合，就形成了三维的服装。完成的纸样上还应该包含剪口、缝份、纱向等信息。剪口的作用是做标记，确保裁片的准确缝合；设置缝份是为了缝合裁片的需要；纱向是为了表明样板放置在面料上的位置。

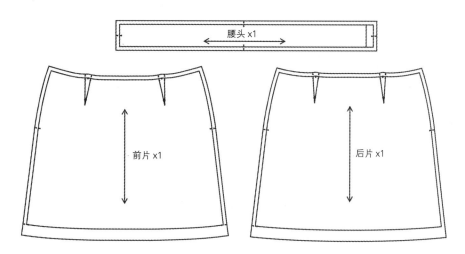

腰头 x1

前片 x1　　后片 x1

样衣 样衣指服装的实际样品，分为两种：企业自主设计试制的新款样品，供客户选样订购；按客户要求制作并经客户确认的样品。体现设计意图和原作精神的样衣是设计、制板和车缝密切配合、反复修改、不断完善的集体劳动成果。为使其与大货保持一致，样衣通常采用与缝制车间相同的机器设备、按同样的操作规程制作。

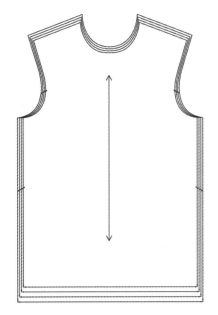

放码 在工业生产中，同一款式的服装会生产多种规格以满足不同身高和胖瘦穿着者的要求。若将所有规格样板单独制作，既耗时又费力。一般的操作方法是在母板的基础上，兼顾各个号型系列的关系，进行科学计算，使纸样放缩成不同尺码，这个过程就是放码。

第二节
服装纸样
制板符号及制板工具

服装纸样制板符号

名称	符号	说明
轮廓线		分为实轮廓线、虚轮廓线。实轮廓线指服装纸样制成后的实际边线,也称完成线。虚轮廓线指纸样两边完全对称或不对称的折线
基础线		比轮廓线细的实线或虚线,起引导作用
等分线		表示将这线段进行等分
直角符号		表示两条线相交成直角
重叠符号		表示所共处的部分重叠且长度相等
拼合符号		表示相关部位拼合一致,以示去除原有结构线即为完整的形状
纱向符号		表示经纱方向
顺毛向符号		表示有毛、有光泽面料的排放方向
拔开符号		表示需熨烫抻开的部位
归拢符号		表示需熨烫归拢的部位

名称	符号	说明
单向褶裥		表示顺向折裥从高向低折叠
对合褶裥		表示对合折裥从高向低折叠

服装纸样制板工具

制作样板需要专业的制板工具，它们可以帮助制板师快速得到理想的曲线效果。开始制板时，一套基本工具是必备的，并可根据自己的需求增加其他工具。

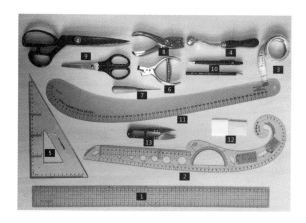

① 直尺：用于绘制直线及图形等。

② 曲线板：用于绘制纸样上的曲线。

③ 软尺：用于测量各部位的尺寸。

④ 滚轮：用于将板型复制到纸上。

⑤ 三角板：用于绘制直角。

⑥ 打孔器：用于样板上做标记。

⑦ 锥子：用于定位等辅助操作。

⑧ 打口钳：用于打剪口，剪口的深度不能超过缝份宽度的一半。

⑨ 剪刀：用于裁剪面料。根据面料的重量和厚度使用不同的剪刀。

⑩ 绘图铅笔：用于绘制纸样。

⑪ 大刀尺：用来绘制衣身上的曲线，如袖弧线、裤子侧缝线、内缝线等。

⑫ 划粉：用于在面料上描绘纸样轮廓。

第三节
人体测量

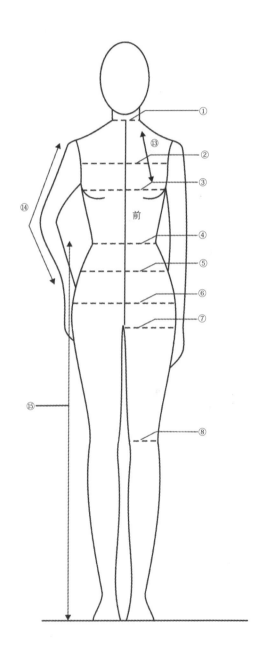

　　生产所需的人体尺寸项目越来越多，人体测量也变得越来越复杂。人体测量的项目是由测量目的决定的，根据服装制图的要求，不同的款式人体测量的部位各不相同。人体测量可以采用多种测量方法，主要有三维测量和直接测量。

① 颈根围：经过前颈点、侧颈点、后颈点，用软尺围量一周的长度。

② 前胸宽：胸部左、右腋窝点之间的距离。

③ 胸围：以乳点为基点，用软尺水平围量一周的长度。

④ 腰围：在腰部最细处，用软尺水平围量一周的长度。

⑤ 腹围：在腹部最凸处，用软尺水平围量一周的长度。

⑥ 臀围：在臀部最丰满处，用软尺水平围量一周的长度。

⑦ 大腿根围：在大腿最高部位，用软尺水平围量一周的长度。

⑧ 膝围：在膝关节处，用软尺水平围量一周的长度。

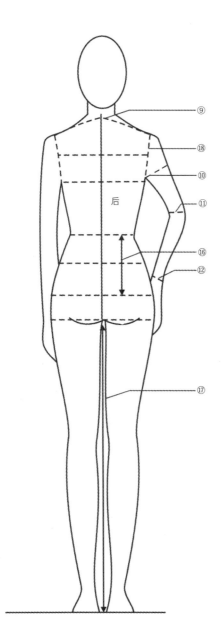

⑨ 总肩宽：自左肩峰点经过第七颈椎点测量至右肩峰点的距离。

⑩ 上臂围：在上臂根最丰满处，用软尺水平围量一周的长度。

⑪ 肘围：在肘关节处，用软尺水平围量一周的长度。

⑫ 腕围：在腕部用软尺水平围量一周的长度。

⑬ 胸长：自侧颈点至乳点之间的距离。

⑭ 臂长：从肩峰点至腕凸点的距离。

⑮ 腰围高：自腰围线至地面的垂直距离。

⑯ 臀高：腰围线至臀围线之间的距离。

⑰ 下裆长：裆底点至脚后跟的垂直距离。

⑱ 臂根围：从肩峰点至前、后腋窝点，再至肩峰点围量一周的长度。

后

第四节
如何阅读设计图

　　看图制板技术是现代服装产业中一种实用性的设计形态。那么，应该怎样看杂志图片、照片、服装设计效果图设计服装纸样呢？

| 设定号型规格

　　要想依据图片或效果图设计纸样，首先需要对人体的比例具有清晰的认识。

　　我们知道，模特的身材过于纤细，大多数效果图更是夸张了人体的比例关系。不管模特身高是160cm、165cm，还是170cm等，都可以按照自己想要的号型规格来分析服装款式与人体的比例。也就是说，可以把模特的身高看成160cm、165cm或是170cm即可，如果把模特看成165cm的身高，那就按照165cm身高的正常体规格来推算服装和人体的比例关系以得到合理、合适的规格尺寸，然后再根据自己的需求进行修改，以达到适合自己或客户群体的规格尺寸。所以号型规格是可以自行设计的，每个企业都会根据自己的客户群体制订不同的号型规格。本书中的案例号型均为160/84A，如果想以165cm的身高为依据，则需要参考165cm身高相应的号型规格。

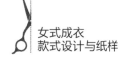

| 分析尺寸

分析衣长

以腰围线、臀围线、膝围线、脚踝线为参考（因这些参考线在人体上最为直观，大家都能找到相应的位置），看服装底边处于这些参考线的哪个位置。例如，前腰长为41.5cm，臀高为18.5cm，那么在臀围线位置的衣长为60cm，在膝围线位置的衣长或裙长是100cm。但事实上衣长不会每款刚好在臀围线或膝围线上，如衣长底边在臀围线以上，是超短款式，而已知的臀高为18.5cm，参考从衣长底边到臀围线的距离和臀高整个长度18.5cm的比例是多少，以此来确定衣长。再如衣长在臀围线和膝围线中间，那么衣长定为（100−60）/2+60，为80cm。以此方法类推。

分析肩宽

以身高160cm为例，肩宽是39cm，正常情况下，肩宽不需加宽或变窄，但是在有夸张肩部造型，如泡泡袖或是耸肩袖的情况下，肩宽就是一个变量了。例如肩是男性化的宽肩、平肩或是翘肩，肩宽的长度肯定是超过肩端点的，因此需要看超过肩端点的长度与人体肩宽的比例关系，肩斜线的角度是否与人体肩线一致，平肩线、翘肩线和人体肩线的角度是多少，如耸肩袖或是泡泡袖，袖窿线是在肩斜线的某个位置，而不是在肩峰点。因此要根据袖子的造型分析出手臂肩峰点和袖山点在肩斜线的位置，以此决定肩宽减少了多少。减去的数据就是看肩峰点至袖山点的距离占用整个肩宽的比例。当然，一开始制图时还是要按照基本纸样的肩宽尺寸，画成品袖窿弧线时再在基本纸样的肩斜线上减去肩宽。根据减少的肩宽来获得袖山加高的尺寸。

分析领围

设置领围尺寸的时候，通常是设置基本纸样尺寸，因为不管领口宽、领口深增加了多少，但人体的颈围是不变的。开宽领口宽是在肩斜线上进行的。在制板的过程中，再根据设计图或照片分析出开宽的领口宽点与肩颈点的距离占整个肩宽的百分比，以此获取开宽的尺寸。

分析前、后腰线

腰线在正常腰围线之上还是之下，腰线有分割的情况下，分割线是上提或是下降，上提了多少或是下降了多少，都可以按腰围线至下胸围线、腰围线至臀围线的距离和上提或下降的比例分析出来。

分析袖长

160cm的身高，从肩峰点量至虎口向上2cm处的长袖袖长是55cm，至袖肘线是31cm。有了这个参考，就可以确定图片中的袖长了。例如，袖长过虎口了，袖长在基本袖长55cm的情况下再加长；七分袖，则袖长变短，用袖肘线至虎口的距离作为比例参考来确定袖长；短袖，则可以用肩峰点至袖肘线的距离作为参考，假设袖长在肩峰点至袖肘线的1/3处，则该袖长为31/3，10.3cm。

分析围度的加放

围度的加放是依据面料特性、穿着对象及穿着场合来决定的。根据效果图或图片中材料质地、着装人体的描述可以确定服装属于春夏装、秋冬装或休闲装、运动装、职业装等，还可以界定产品属于少女装、少妇装或中老年服装，松量的加放需要考虑品类的特点，还可以据此决定是否需要在纸样设计中加入缩水率、缝缩率等技术性的考量。

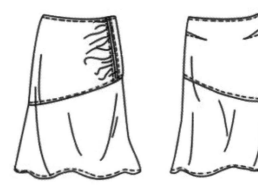

第五节
基本纸样的种类

　　服装基本纸样的作用和原型相同，属于服装原型的派生形式。本书根据服装品类和服装放松量的不同，把衣身基本原型分为裙基本纸样、裤基本纸样、上装基本纸样、连衣裙基本纸样四大类，其中上装基本原型根据松量和款式的不同，又分为女上装基本纸样、直身衬衫基本纸样、女西装基本纸样。每一分类的基本纸样都有对应的一些服装类型，基本纸样可以使设计师们在制图时比较容易找到相对应的设计依据，使复杂的制图工作变得简单易行。

　　基本纸样的分类如下：

上装基本纸样	女上装基本纸样	后片　前片	裙基本纸样	后片　前片
	直身衬衫基本纸样	后片　前片	裤基本纸样	后片　前片
	女西装基本纸样	后片　前片	连衣裙基本纸样	后片　前片

第二章

裙装的结构设计与纸样

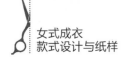

第一节

裙基本纸样的结构设计

裙基本纸样的结构名称

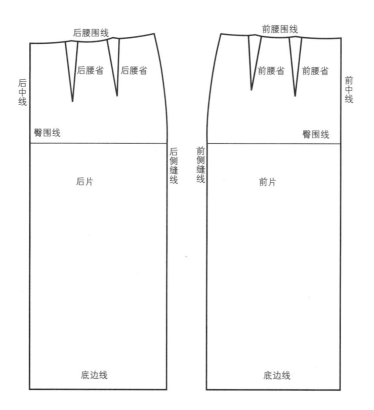

裙基本纸样的制图方法

- 裙基本纸样尺寸

单位：cm

部位	腰围	臀围	臀高
尺寸	68	94	18

● 绘制基础线

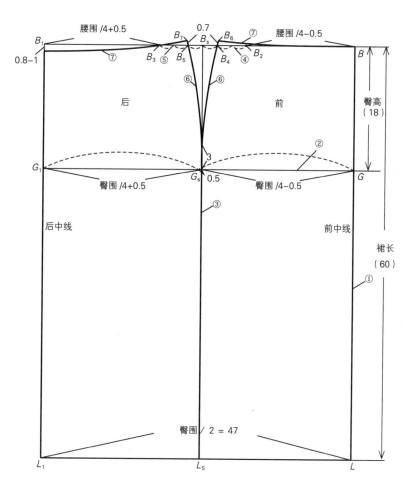

① 作矩形，取BB_1=臀围/2，BL=裙长。

BB_1=臀围/2=94/2=47cm

BL=60cm

② 在BL上取BG为臀高，从G点引水平线GG_1，作为臀围线。

BG=18cm

③ 从GG_1的中点向前0.5cm作为G_s点，从G_s点作垂线，向上与腰围线的辅助线交于B_s，向下与底边线交于L_s。

GG_s=臀围/4-0.5=23cm

G_1G_s=臀围/4+0.5=24cm

④ 从B点向侧缝方向取BB_2=腰围/4-0.5cm，将B_sB_2作为前腰省量并三等分，分配如下：

1/3 B_sB_2=侧缝省

1/3 B_sB_2=前腰省1（靠近前中线方向）

1/3 B_sB_2=前腰省2（靠近侧缝方向）

⑤ 从B_1点向侧缝方向取B_1B_3=腰围/4+0.5cm，B_sB_3作为后腰省量并三等分，分配如下：

1/3 B_sB_3=侧缝省

1/3 B_sB_3=后腰省3（靠近后中线方向）

1/3 B_sB_3=后腰省4（靠近侧缝方向）

⑥ 用圆顺的曲线连接B_4到G_s点向上3cm的部分，作为前片侧缝线；连接B_5到G_s点向上3cm的部分，作为后片侧缝线，并从B_4、B_5点各延长0.7cm得到B_6、B_7点，作为腰部起翘。

⑦ 用圆顺的曲线连接B_6B，作为前腰围线；连接B_7到B_1点向下0.8~1cm的点，作为后腰围线。

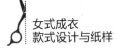
● **画省道**

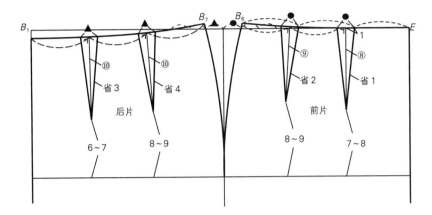

⑧ 把前腰围线三等分，1/3位置向侧缝方向1cm处为前腰省1的省中线，垂直于腰围线，并在省中线左、右取省量，省尖点距臀围线7～8cm。

⑨ 从前腰省1的左省边到B_6点两等分，中点位置为前腰省2的省中线，垂直于腰围线，并在省中线左、右取省量，省尖点距臀围线8～9cm。

⑩ 把后腰围线三等分，1/3位置处为后片两个省道的省中线，垂直于腰围线，靠近后中线方向的后腰省3尖点距臀围线6～7cm，靠近侧缝线方向的后腰省4尖点距臀围线8～9cm。

⑪ 画好省线后，把省的两边对合，以圆顺的曲线修正腰围线。

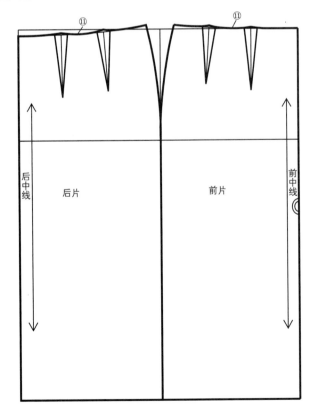

第二节
分割裙

款式1

款式2

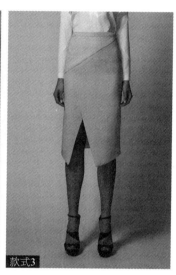
款式3

● 结构分析

◎ 在裙子纸样设计中采用分割线的目的是：合体、改变裙摆、分解裙片、造型等。分割线从功能性角度可划分为两大类：装饰分割线和功能分割线。装饰分割线，指为了造型的需要，附加在服装上起装饰作用的分割线。功能分割线，指为使服装适合人体体型和活动的特点，附加在服装上起塑型作用的分割线。这些分割线具有收紧腰部、扩大臀部、增加某一部位的活动量等功能。

◎ 裙子的分割线按其形态分为纵向、横向、斜向等。

◎ 款式1属于纵向分割裙，也称为八片裙。腰省转移至纵向分割线中，鱼尾最瘦的部位在膝围线上约15cm处，每个分割片对称起翘4cm，将裙摆展开，目的是增加动感和便于行走。

◎ 款式2属于横向分割裙，也称塔裙、节裙。在高度方向的分段比例可以按黄金分割比来分配，视觉上由上向下逐层加大，使人体下半身显得修长；在围度方向的抽褶量根据面料的质感、厚度、悬垂性，抽褶后的效果会有所不同，此裙的抽缩量为原长度的1.5倍。

◎ 款式3属于斜向分割裙。分割线设计要经过省尖点附近，这样便于转省。其他的装饰性分割线则是按美的法则进行设计。

● 制图要点

　◎ 裙子分割线的设计。

　◎ 省道形式的转化：省道变碎褶。

● 规格尺寸

单位：cm

部位 款式	腰围	臀围	裙长
款式1	68	94	73
款式2	64（松紧腰头）	—	81
款式3	68	94	75（最长处）

款式1

款式1制图

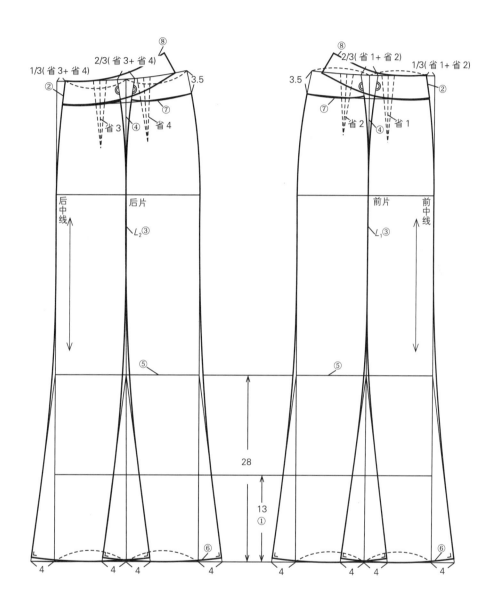

① 裙基本纸样前、后片加长13cm，确定裙长。

② 在前中线位置收掉1/3（省1+省2）的腰省量，在后中线位置收掉1/3（省3+省4）的腰省量。

③ 连接前、后片腰围线和底边线的中点，作为前、后片的分割线L_1、L_2。

④ 在L_1上收掉剩余的前腰省量，即2/3（省1+省2）的腰省量，在L_2上收掉剩余的后腰省量，即2/3（省3+省4）的腰省量。

⑤ 从底边线向上28cm，作为裙摆起翘的位置，并在裙底边处分别向两边对称起翘4cm，用圆顺的曲线连接所有的分割线。

⑥ 修正裙底边弧线，使之成直角。

⑦ 确定腰头宽3.5cm，并把省的两边对合起来，以圆顺的曲线修正腰围线。

⑧ 合并前、后片腰头省量，并以圆顺的曲线修正腰头弧线。

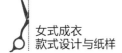

款式1完成图

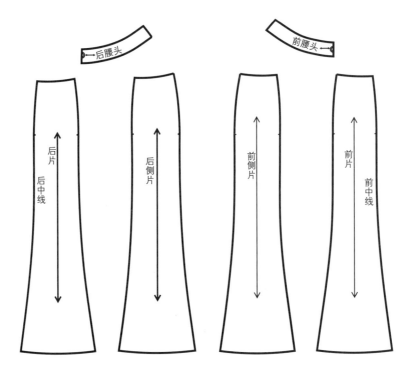

款式2

款式2制图

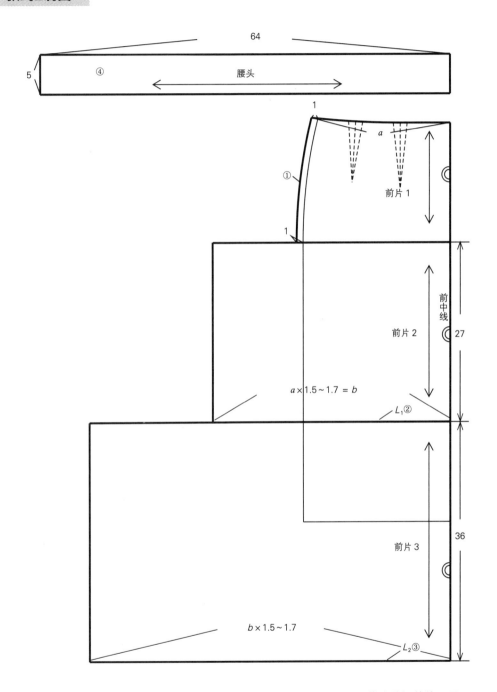

① 在腰围、臀围处各增加1cm，再去除腰省。腰省量加上增加的1cm的量作为抽褶量。臀围线之上作为此裙的第一层。

② 从臀围线向下取27cm，做水平线L_1，宽度为 $a\times1.5\sim1.7$cm，作为此裙的第二层。

③ 从L_1线向下取36cm，做水平线L_2，宽度为 $b\times1.5\sim1.7$cm，作为此裙的第三层。

④ 做松紧腰头，宽5cm，长64cm。

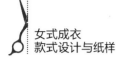
款式3

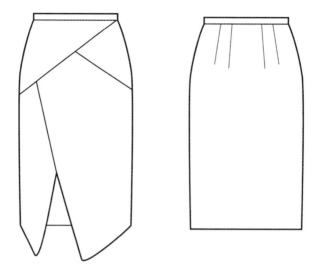

款式3制图

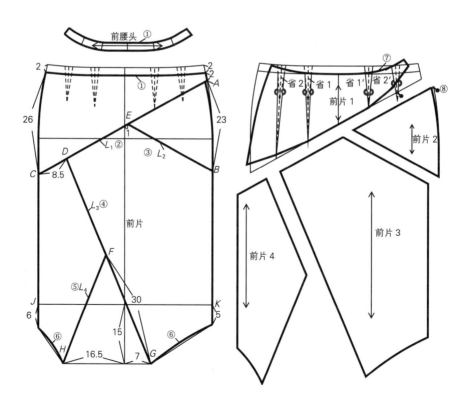

作图准备：把裙基本纸样的前、后片对称复制成整片。

① 确定腰头宽2cm，把前、后片腰头上的省道合并，并以圆顺的曲线修正腰围线。

② 设计分割线L_1。人体左侧从腰口向下2cm为A点，人体右侧从腰口向下26cm为C点，连接A点和C点，作为分割线L_1。

③ 设计分割线L_2。A点向下23cm为B点，前中线与L_1线的交点向右1cm为E点，连接B点和E点，作为分割线L_2。

④ 设计分割线L_3。前中线延长15cm并向右7cm为G点，从C点沿L_1线向右8.5cm为D点，连接D点和G点，作为分割线L_3。

⑤ 设计分割线L_4。从G点沿L_3线向上30cm为F点，沿前中线的延长线向左16.5cm为H点，连接F点和H点，作为分割线L_4。

⑥ 延长裙基本纸样的侧缝线，人体左侧延长5cm，人体右侧延长6cm，分别与G点、H点连接并圆顺，作为底边线。

⑦ 延长省1和省2到分割线L_1上，合并省1、省2、省$1'$、省$2'$。

⑧ 将省$2'$的余量在侧缝位置收掉。

⑨ 后片左侧侧缝加长5cm，右侧侧缝加长6cm，画圆顺底边弧线。

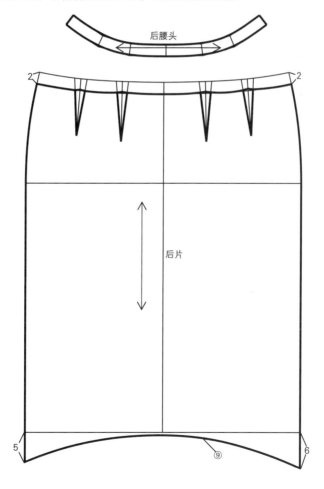

第三节
A型裙

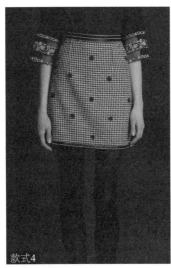

款式4

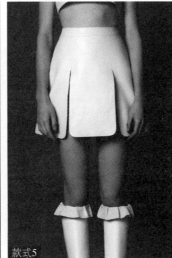

款式5

款式6

● 结构分析

　　◎ 裙摆扩大展开的裙子，属于A型裙。按照裙摆展开的大小，可以分为小A型裙、中A型裙和大A型裙。A型裙的纸样设计一般是在基本纸样的基础上直接加放裙摆扩大量，或者通过将腰省量转移至裙摆，或者通过设置剪开线加入裙摆量等方法扩展裙摆。

　　◎ 款式4属于小A型裙。在裙基本纸样的基础上把一个省量转移至裙摆。在转移的过程中因为臀部比较合体，要先把省尖降到臀围线上，再进行转移。

　　◎ 款式5的裙摆展开量比款式4大，因此考虑两个腰省全部闭合，省量全部转入裙摆。

　　◎ 款式6的裙摆继续加大，两个腰省全部闭合转入裙摆后裙摆量仍不能满足款式的要求，因此需要设计剪开线，继续加大裙摆的展开量。

● 制图要点

◎ 裙摆的加放方式。

◎ 直腰头、弯腰头的制图方法。

● 规格尺寸

单位：cm

款式＼部位	腰围	臀围	裙长	下摆围
款式4	68	94	44	106
款式5	68	105	42	150
款式6	68	—	60	292

款式4

款式4制图

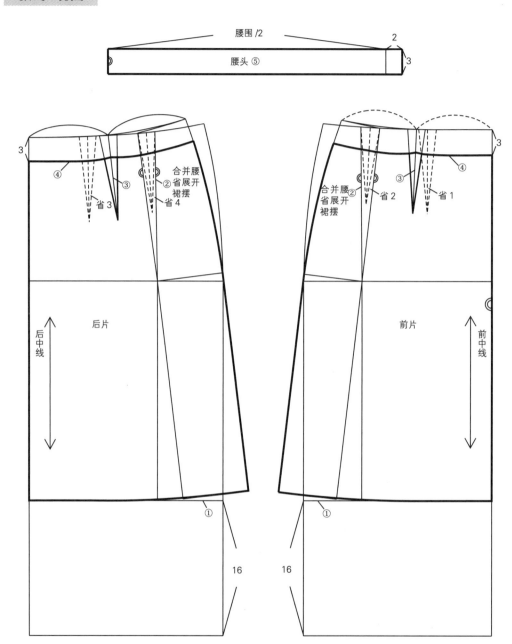

① 裙基本纸样的前、后片均减短16cm，确定裙长。

② 把前腰省2、后腰省4的省尖点降至臀围线，合并腰省，裙摆展开，修顺底边弧线。

③ 将前腰省1、后腰省3移到前、后腰围线的中心位置，把省的两边对合起来，以圆顺的曲线修正腰围线。

④ 腰围线平行下移3cm，重新确定前、后片腰围线位置。

⑤ 画腰头。宽3cm，里襟2cm。

款式5

款式5制图

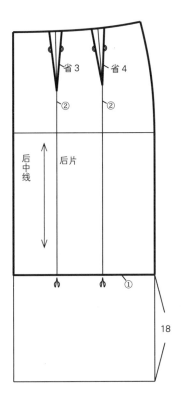 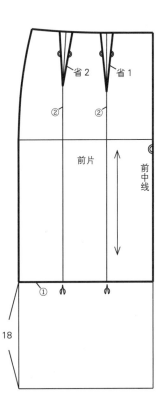

① 裙基本纸样的前、后片减短18cm，确定裙长。
② 从前腰省1、前腰省2、后腰省3、后腰省4的省止点作展开线。

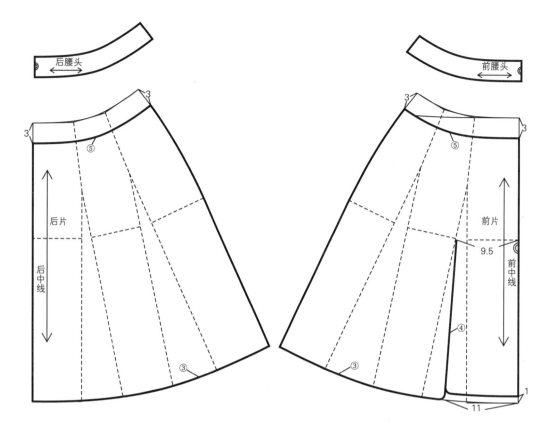

③ 合并前片两个腰省、后片两个腰省，裙摆展开，圆顺裙底边弧线。

④ 在臀围线上距前中线9.5cm处确定开衩的位置，前中片缩短1cm，并把开衩裙底边处修成圆角。

⑤ 确定腰头宽为3cm，以圆顺的曲线修正腰围线。

款式6

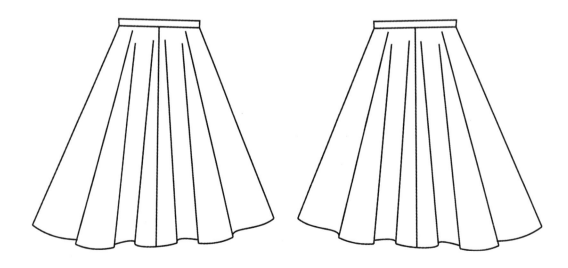

款式6制图

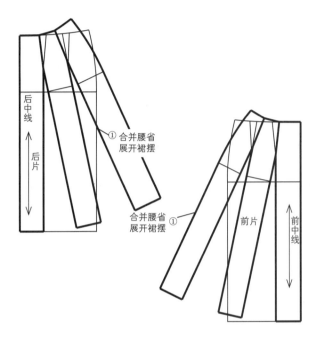

① 合并前、后片的腰省,展开裙摆。

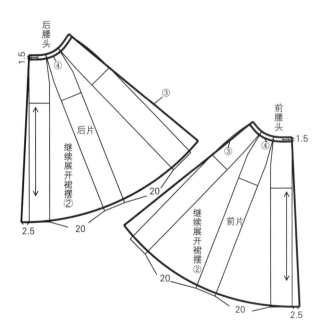

② 继续展开裙摆,使加入的褶量为20cm。

③ 将侧缝线直线连接并延长,裙摆侧适度加放,前中和后中各加入2.5cm的切展量,修顺下摆弧线。

④ 确定腰头宽1.5cm,以圆顺的曲线修正腰围线。

第四节
褶裥裙

款式7

款式8

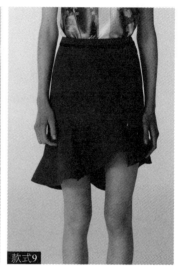

款式9

● 结构分析

　　◎ 通过运用各种施褶的技法塑造裙子的外部及内部造型，这种裙子叫褶裥裙。褶裥一般分为自然褶和规律褶两种。自然褶又分为抽缩型褶和下垂型褶。抽缩型褶，指把要缝合的两条边中的一边有目的加长，用工艺针法把加长量部分在缝制时缩成碎褶，这种工艺形式既可以使服装有运动的宽裕量，又可以起造型及装饰作用，如款式7。下垂型褶，指通过结构处理使其成形后产生自然、均匀的下垂波浪造型，如款式9。款式8则属于规律褶。

　　◎ 款式7属于碎褶高腰裙。对于褶的纸样处理方法是将裙基本纸样的省全部转到裙摆，然后再设计切展线，平行展开纸样，继续加入切展量，目的是增加腰部缩褶量的同时还要增加裙摆量。对于高腰的结构处理方法是确定腰的宽度后把省道处理成菱形，因为高腰结构中上腰围大、中间腰围最小、下腰围随着臀部的围度逐渐增加，围度变化呈现大一小一大的特点。

　　◎ 款式8属于规则的褶裥裙。先把一个省量转移到裙摆，变成小A型裙，然后确定褶裥位后切展纸样，并把腰臀差量分配到褶裥中。切展的方法采用上、下口不等量的加放法。

在制作工艺上，褶裥向前中方向，并在腰头固定，裙摆自然打开。

  ◎ 款式9属于不规则的荷叶褶裙。裙摆为非对称型。裙摆的褶量通过扇形加放的方法获得，使得上口的长度不变，下口的长度增加。

● 制图要点

  ◎ 褶裥量的加放方式：平行加放、扇形加放、不等量加放。
  ◎ 高腰裙的腰部结构处理方法。

● 规格尺寸

单位：cm

款式 ＼ 部位	腰围	臀围	裙长
款式7	76	—	98
款式8	68	94	53
款式9	68	94	52

款式7

款式7制图

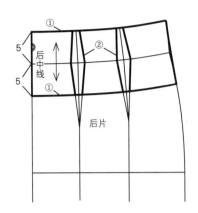
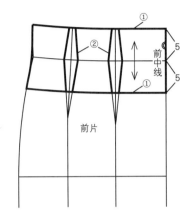

① 沿裙基本纸样腰围线向上、向下各5cm处作平行线，确定腰头宽。

② 以原腰围线为对称轴向上翻转腰省。

③ 合并前、后片剩余的腰省，展开裙摆。

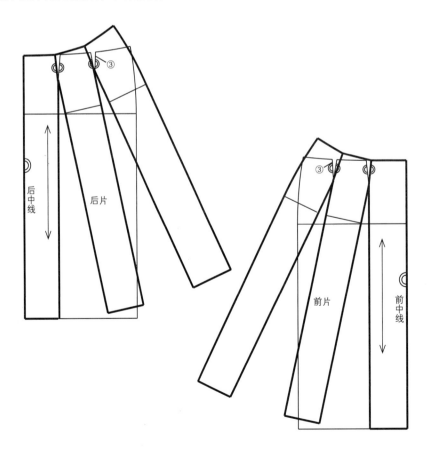

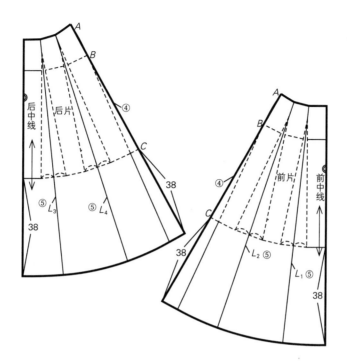

④ 裙长加长38cm。侧缝处直线连接A点与B点，从裙基本纸样底边处延长38cm。

⑤ 设定前片分割线L_1、L_2及后片分割线L_3、L_4的位置。

⑥ 在分割线L_1、L_2、L_3、L_4的位置平行展开褶量，褶量为6cm，在前中线和后中线位置分别加入3cm褶量，圆顺底边线和腰围线。

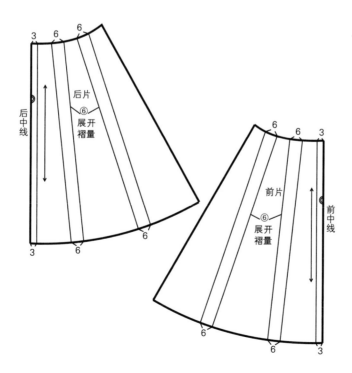

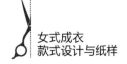
款式8

款式8制图

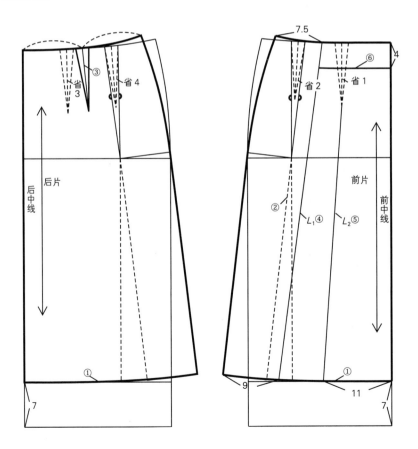

① 裙基本纸样前、后片减短7cm，确定裙长。

② 将省2、省4的省止点移到臀围线上，合并省量，展开裙摆，修顺底边弧线。

③ 将后片上的省3移到后腰围中心位置。

④ 设计分割线L_1。

⑤ 设计分割线L_2。

⑥ 腰围线向下4cm确定腰育克位置。

⑦ 沿分割线L_1、L_2展开褶裥量，上端褶裥量4cm，下端褶裥量2cm，L_2位置的褶裥量中包含省1的量。

⑧ 把腰育克上的省道合并，并以圆顺的曲线修正腰围线。

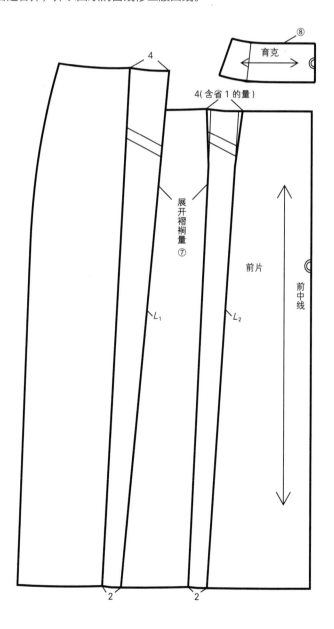

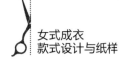

款式8完成图

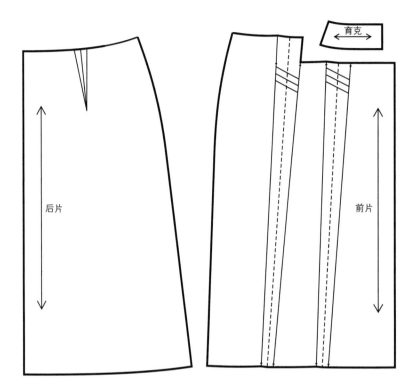

款式9

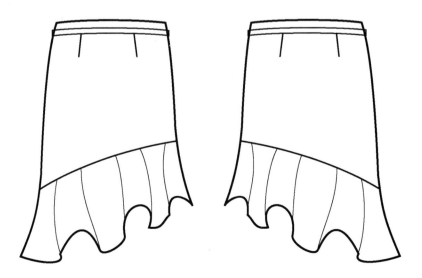

款式9制图

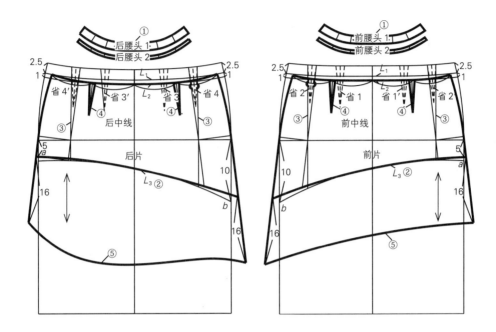

作图准备：把裙基本纸样的前、后片对称复制成整片。

① 裙基本纸样的前、后片腰围线向下2.5cm作原腰围线的平行线，作为第一条设计线L_1，L_1线再向下1cm为新腰围线L_2。合并腰头上的省道，用圆顺的曲线修正腰头线。

② 在前、后片上人体左侧臀围线向下5cm为a点，人体右侧臀围线向下10cm为b点，用圆顺的曲线连接a点和b点，作为结构线L_3。

③ 把前腰省2、前腰省2′、后腰省4、后腰省4′的省尖点降至臀围线，合并腰省，裙摆展开。

④ 将前腰省1、前腰省1′、后腰省3、后腰省3′分别移到前、后腰围线的中心位置。

⑤ 前、后片裙摆的波形褶的宽度为16cm，设计前、后片的底边线。

⑥ 展开前、后裙下片褶量，褶量大小如图所示，修顺底边线和上口线。

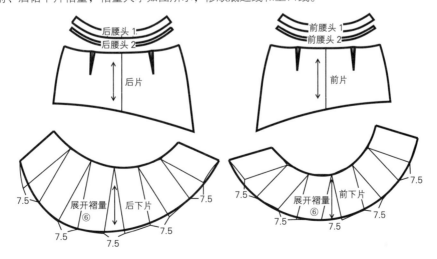

第五节
组合裙

款式10

款式11

款式12

● 结构分析

◎ 组合裙表现为结构上各元素的有机结合。在组合过程中，不同的造型应选择不同的结构原理。

◎ 款式10是A廓型与碎褶的组合裙。

◎ 款式11是横向分割线、纵向分割线及横向褶、纵向褶的组合裙。款式前片的省以碎褶的形式展现，所以考虑把前片的两个腰省转移并转化成褶，采用缩缝处理。裙子下半部的纵向褶通过纸样的不定量切展得到。

◎ 款式12是分割线与下垂型褶的组合裙。整体廓型呈A型，臀部较合体，需要把一个省转到裙摆上，另一个省放入竖向分割线中。裙摆的波浪型褶较大，采用纸样切展方法完成。

● 制图要点

◎ 结构设计的综合应用。

● 规格尺寸

单位：cm

款式 \ 部位	腰围	臀围	裙长
款式10	68	—	52
款式11	68	94	65
款式12	68	94	54

款式10

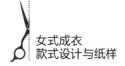

款式10制图

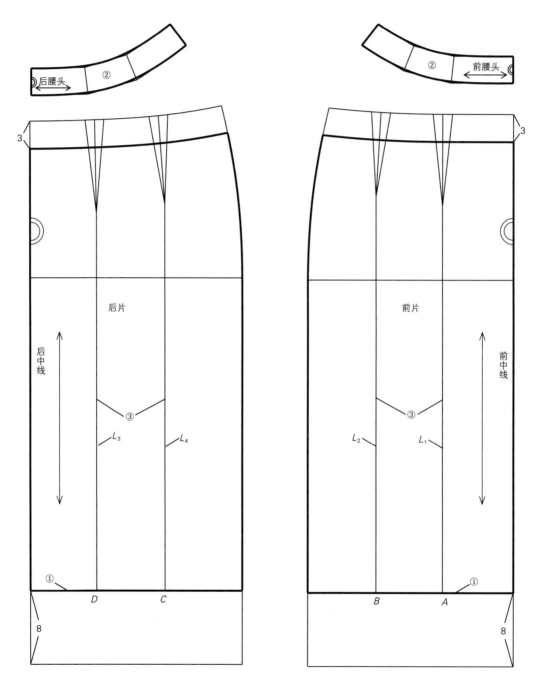

① 裙基本纸样的前、后片减短8cm，确定裙长。

② 确定腰头宽为3cm，把前、后片腰头上的省道合并，并以圆顺的曲线修正腰头弧线。

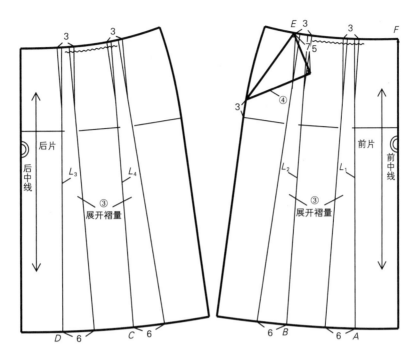

③ 从省止点作垂线，在垂线的位置展开褶量，上端褶量为3cm（包含省量），下端褶量为6cm，修顺
　 底边线和腰围线，前片从E点到F点之间做缩缝。

④ 确定前片袋口位置及袋口外翻边的形状。

款式11

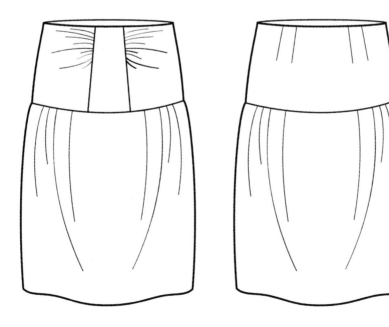

款式11制图

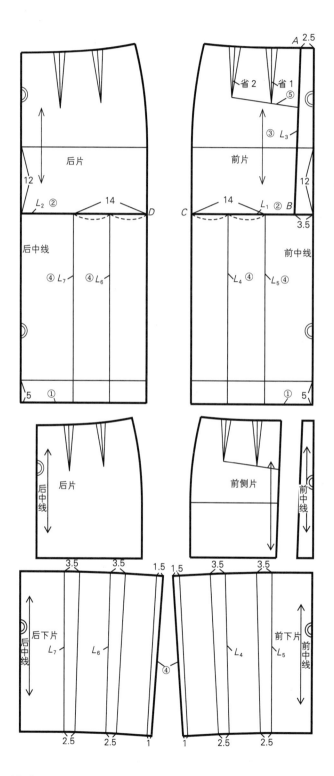

① 裙基本纸样的前、后片各加长5cm，确定裙长。

② 臀围线向下12cm，设定前片结构线L_1、后片结构线L_2。

③ 前中点向左2.5cm为A点，L_1线上从前中线向左3.5cm为B点，连接AB，确定前片结构线L_3。

④ 前片从C点向前中线方向7cm、14cm处画两条垂线，设计结构线L_4、L_5；后片从D点向后中线方向7cm、14cm画两条垂线，设计结构线L_6、L_7。在分割线L_4、L_5、L_6、L_7的位置展开褶量，上端褶量为3.5cm，下端褶量为2.5cm；在前、后片侧缝位置加入褶量，上端褶量为1.5cm，下端褶量为1cm，修顺底边弧线和上口弧线。

⑤ 连接前片的省1和省2的省尖点，并延长至与L_3相交。

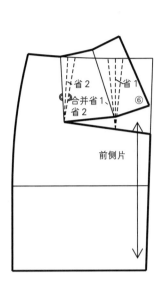
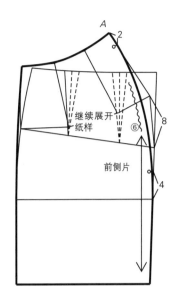

⑥ 把前片的省1、省2合并，并继续展开纸样，使加入的褶量达到8cm，修顺曲线，设定收碎褶的位置：A点向下2cm为碎褶的起点，臀围线向上4cm处为碎褶的止点。在前中片的相应位置也设置相同的对位点。

款式11完成图

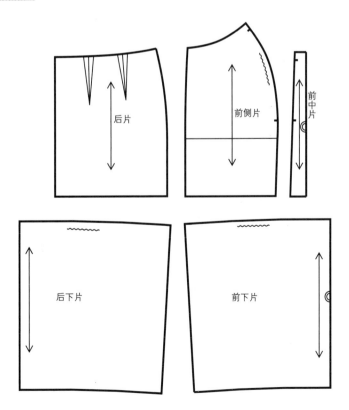

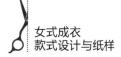

款式12

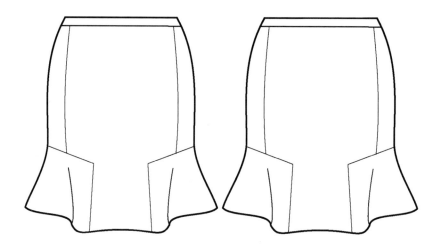

款式12制图

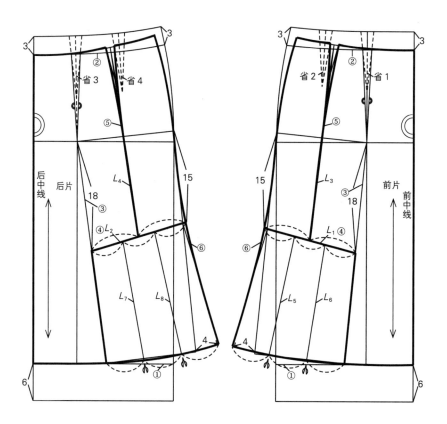

① 裙基本纸样的前、后片减短6cm，确定裙长。

② 确定腰头宽为3cm，把腰头上的省道合并，并以圆顺的曲线修正腰头弧线。

③ 因为臀围位置比较合体，所以将省1、省3的省止点移到臀围线上再合并，展开裙摆，修顺底边弧线和腰围线。

④ 按款式设计结构线L_1、L_2。

⑤ 按款式设计结构线L_3、L_4，并将省2、省4的量放在结构线中，修顺弧线。

⑥ 底边在侧缝处增加4cm，重新修顺侧缝线。

⑦ 在分割线L_5、L_6、L_7、L_8的位置展开褶量，褶量展开6cm，在A和B的位置分别加入3cm褶量，修顺底边弧线和上口弧线。

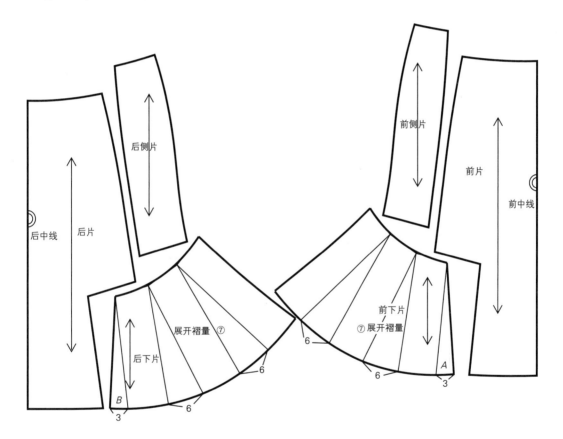

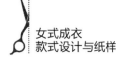
款式12完成图

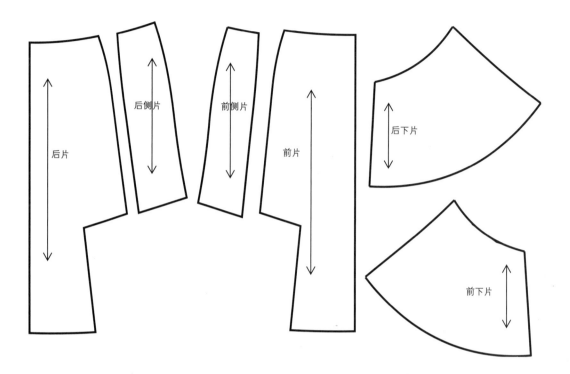

后片

后侧片

前侧片

前片

后下片

前下片

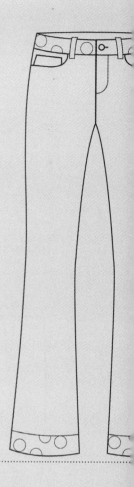

第三章

裤装的结构设计与纸样

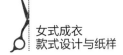

 第一节
裤基本纸样的结构设计

裤基本纸样的结构名称

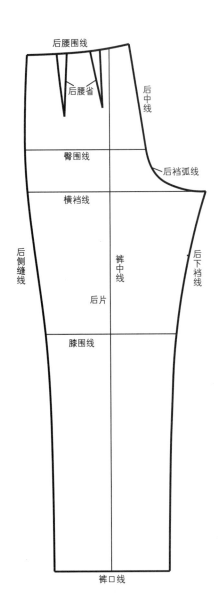

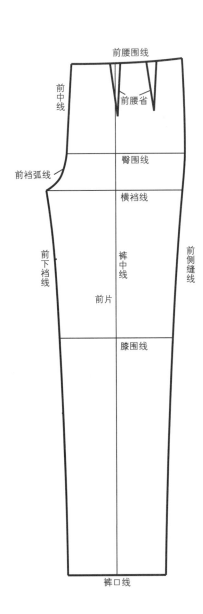

裤基本纸样的制图方法

● 裤基本纸样尺寸

单位：cm

部位	裤长	上裆长	腰围	臀围	中裆宽	裤口宽
尺寸	98	25	68	94	24	21

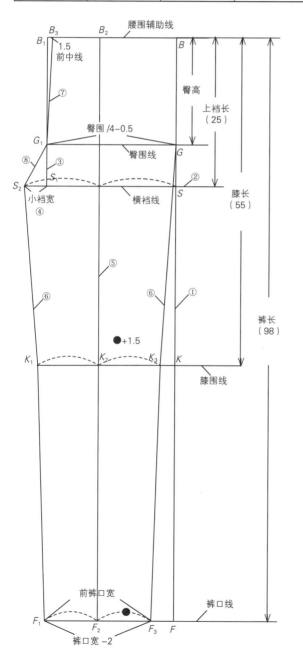

● 绘制前片基础线

① 从 B 点向下画垂线，取裤长 BF。

　BF=98cm

② 在 BF 线上取 BG 为臀高，取 BS 为上裆长，取 BK 为膝长，分别从 B、G、S、K、F 各点引水平线，作为腰围辅助线、臀围线、上裆线、膝围线、裤口线。

　BG=18cm　BS=25cm　BK=55cm

③ 从 G 点取 GG_1 为前臀围，从 G_1 点作垂线，向上与腰围辅助线交于 B_1，向下与上裆线交于 S_1。

　GG_1=臀围/4-0.5=23cm

④ 取 S_1S_2 为小裆宽（净臀围为90cm）。

　S_1S_2=0.05×净臀围-0.5=4cm

⑤ 将 SS_2 两等分，从中点向上、下画垂线作为前片裤中线 B_2F_2。
B_2 为裤中线与腰围辅助线的交点，K_2 为裤中线与膝围线的交点，F_2 为裤中线与裤口线的交点。

⑥ 以 F_2 点为中心，取裤口宽-2=21-2=19cm 为前裤口宽，得到 F_1、F_3；以 K_2 点为中心，取1/2前裤口宽+1.5cm 为1/2前膝围宽，得到 K_1、K_3，即 K_2K_3=F_2F_3+1.5cm，分别连接 G、K_3、F_3 和 S_2、K_1、F_1。

⑦ B_1 点向右1.5cm处为 B_3 点，连接 B_3、G_1，作为前中线。

⑧ 连接 G_1、S_2 作为前裆弧线的辅助线。

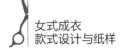
● 绘制前片轮廓线

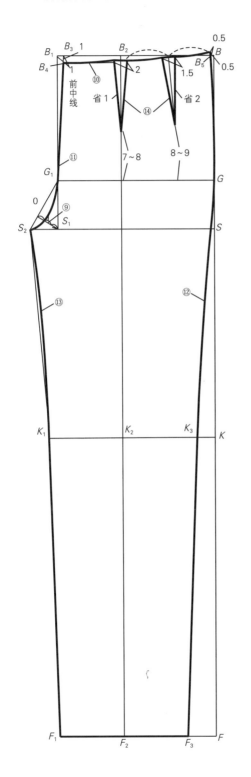

⑨ 作S_2G_1的垂线，并三等分。

⑩ 绘制腰围线：从B点向左0.5cm，再向上抬高0.5cm为B_5点，从B_3点沿前中线向下1cm为B_4点，用圆顺的曲线连接B_4、B_5，作为腰围线。

⑪ 绘制前裆弧线：用直线连接B_4、G_1，过S_2G_1的垂线1/3点，用曲线连接G_1、S_2。

⑫ 画前侧缝线：将B_5、G、K_3用符合人体造型的曲线连接，用直线连接K_3、F_3。

⑬ 画前下裆线：用平缓的曲线连接S_2、K_1，用直线连接K_1、F_1。

⑭ 画腰省。

腰省的画法：靠近前中线方向的腰省1的省量在裤中线的左、右两边取，靠近侧缝线方向的腰省2，在B_5点和腰省1之间的中点取。画好省线后，把省的两边对合起来，以圆顺的曲线修正腰围线。

前片腰省量的分配方法：

前腰围=腰围（68）/4+0.5=17.5cm

前臀围=臀围（94）/4-0.5=23cm

前片总省量=前臀围—前腰围=23-17.5=5.5cm

省量分配：

前腰省1=前腰省2=2cm

裤前中线省（B_1B_3）=1cm

裤前侧缝省（BB_5）=0.5cm

● 绘制后片基础线

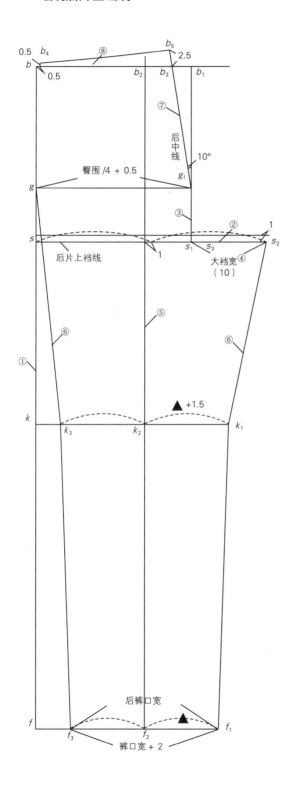

制图准备：延长前片腰围辅助线、臀围线、上裆线、膝围线和裤口线，在此基础上进行后片的制图。

① 从b点画垂线，取缝长bf。bf=98cm

② 前片上裆线下落1cm，确定后片上裆线。

③ 从g点取gg_1为后臀围，从g_1点作垂线，向上与腰围辅助线交于b_1，向下与上裆线交于s_1。
gg_1=臀围/4+0.5=24cm

④ 取s_1s_2为大裆宽。
s_1s_2=0.1×净臀围+1=10cm

⑤ 将ss_2线两等分，从中点向侧缝方向移动1cm处上、下画垂线，作为后片的裤中线b_2f_2。
b_2为裤中线与腰围辅助线的交点，k_2为裤中线与膝围线的交点，f_2为裤中线与裤口线的交点。

⑥ 以f_2点为中心，取裤口宽+2=21+2=23cm为后裤口宽，得到f_1、f_3；以k_2点为中心，取1/2后裤口宽+1.5cm为1/2后膝围宽，得到k_1、k_3，分别连接g、k_3、f_3和s_2、k_1、f_1。

⑦ 画g_1b_3线，与g_1b_1线的夹角为10°。从b_3点再延长2.5cm为b_5点，作为后腰起翘，完成后中线。

⑧ b点向右、再向上0.5cm为b_4点，连接b_4、b_5，作为后腰围辅助线。

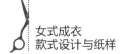

● 绘制后片轮廓线

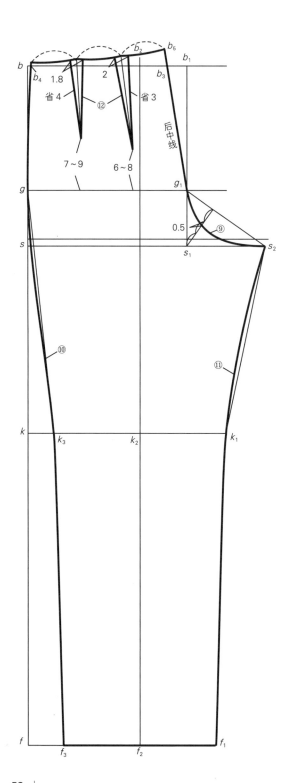

⑨ 绘制后裆弧线：画g_1s_2线的垂线并三等分，过1/3点向下0.5cm的点，用曲线连接g_1、s_2。

⑩ 画后片侧缝线：将b_4、g、k_3用符合人体造型的曲线连接，用直线连接k_3、f_3。

⑪ 画后下裆线：用平缓的曲线连接s_2、k_1，用直线连接k_1、f_1。

⑫ 画腰省。

  腰省的画法：将后腰围辅助线三等分，两个腰省中点分别位于两个等分点上。画好省线后，把省的两边对合起来，以圆顺的曲线修正腰围线。

  后片腰省量的分配方法：

  后腰围＝腰围/4－0.5＝68/4－0.5＝16.5cm

  后腰围辅助线b_4b_5＝20.3cm

  后片总省量＝后腰围辅助线b_4b_5－后腰围＝20.3－16.5＝3.8cm

  省量分配：

  后腰省3（靠近后中线方向）＝2cm

  后腰省4（靠近侧缝方向）＝1.8cm

第二节
筒型裤

款式13　　款式14

● 结构分析

◎ 筒型裤是裤装的基本造型，其特点为裤口宽与膝围宽相等或略小1cm左右，平面纸样为筒状结构。

◎ 此系列款式的结构重点为腰位的设计。

◎ 裤子的腰位变化有三种：高腰、中腰和低腰。款式13为低腰造型，款式14为高腰造型。

◎ 款式13为合体造型的低腰筒型裤，装腰设计。对于低腰款式，为了能够合理地取得纸样，首先要绘制正腰位的结构，在此基础上下移腰位，形成低腰位。由于腰位下降，腰臀差量减少，省量也减少，前片的省量在侧缝处去掉，后片的省量比前片大，不能直接去掉，因此在后腰中心位置收一个省。

◎ 款式14为宽裤腿筒型裤，高腰造型，连腰设计，松量整体加大，裤腿肥大。通过把部分省道转到裤口加大裤腿的宽度，剩余的省量在前、后片各做一个省。

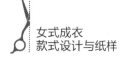
制图要点

◎ 腰位的设计。

◎ 弯腰头与连腰的纸样设计。

◎ 松量的控制。

规格尺寸

单位：cm

款式 \ 部位	裤长	上裆	腰围	臀围	膝围宽	裤口宽
款式13	99	20	78	94	21	21
款式14	104	25	68	94	25	25

款式13

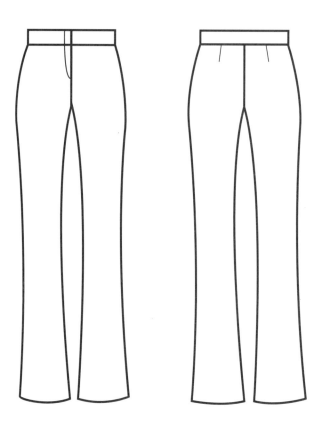

款式13前、后片制图

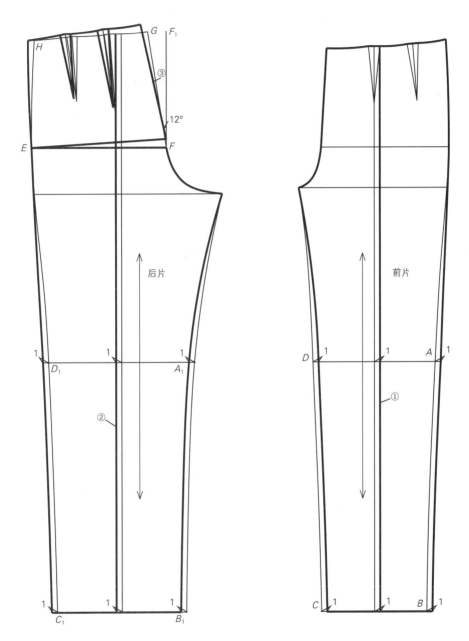

① 在裤基本纸样的基础上，前片裤中线向侧缝方向移1cm，把A、B、C、D部分均向侧缝方向移1cm，
 画顺侧缝线和下裆线。

② 在裤基本纸样的基础上，后片裤中线向侧缝方向移1cm，把A_1、B_1、C_1、D_1部分也向侧缝方向移
 1cm，画顺侧缝线和下裆线。

③ 以E点为中心旋转E、F、G、H部分，使F_1、F与G、F的夹角为12°。

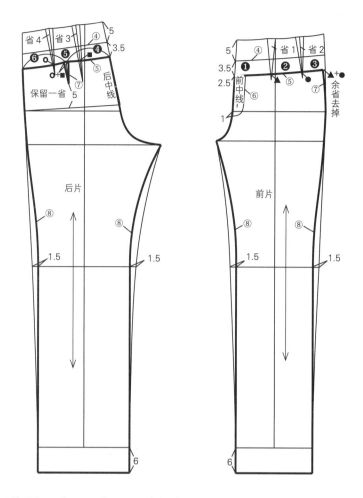

④ 前、后片腰围线平行下移5cm，作为腰围降低的高度，重新确定腰围线。

⑤ 设计腰头宽为3.5cm，与新的腰围线平行。

⑥ 前门襟宽为2.5cm，臀围线向下1cm为门襟止点。门襟纱向线与前中线平行。

⑦ 处理省道：在前片侧缝处收掉前片剩余的省量，后片剩余省量在后腰线中心处形成一个省，省止点在臀围线上5cm处。

⑧ 裤长加长6cm，将膝围向内侧移1.5cm，使之与裤口同宽，重新画顺侧缝线与下裆线。

款式13腰头制图

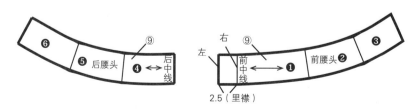

⑨ **❶❷❸**拼合为前腰头，**❹❺❻**拼合为后腰头。腰省被去掉，修顺上、下口弧线。腰头里襟2.5cm。

款式14

款式14前、后片制图

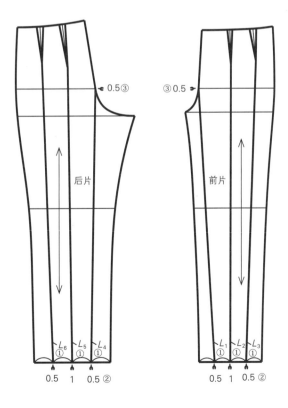

① 把前、后裤口分为四等分，设定分割线L_1、L_2、L_3、L_4、L_5、L_6。

② 沿L_1~L_6线剪开纸样，沿L_1、L_3、L_4、L_6线切展0.5cm，沿L_2、L_5线切展1cm，合并部分省量。

③ 沿臀围线纵向展开0.5cm。

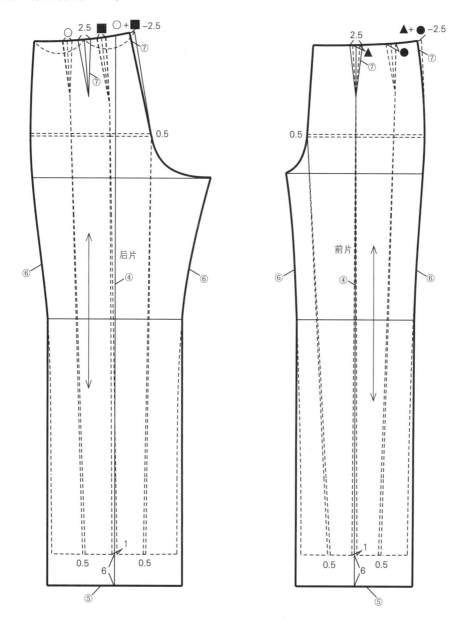

④ 通过前、后裤口展开量的中心点作臀围线的垂线，确定前、后片裤中线。

⑤ 裤长加长6cm，裤口宽度与膝围线等宽，重新画裤口线。

⑥ 画顺前、后片下裆线和侧缝线。

⑦ 处理省道：在前片裤中线处做一个2.5cm的省，前片剩余省量在侧缝线处收掉；在后片腰线中点处做一个2.5cm的省，后片剩余省量在后中线处收掉。

第三节
锥型裤

款式15

款式16

款式17

● 结构分析

◎ 锥型裤在廓型上为上大下小的倒梯形，为塑造上部的宽松形态，可通过在腰部或裤子上部运用各种褶以加大放松量并收紧裤口来造型。

◎ 此系列款式的结构重点是褶的设计。裤子的常用褶是活褶和缩褶。款式15是锥型裤的基本款，九分裤，规格合体，裤口较小。在裤基本纸样的基础上，裤长减短7cm，裤口宽比中裆尺寸小，形成锥形。设计的腰头宽为6cm，采用松紧设计。去掉腰头后，腰部前片剩余省量在侧缝处收掉，腰部后片剩余省量做一个省。

◎ 款式16腰部的施褶量较大，整体较宽松，前裤片有三个活褶，需要加大前、后小裆宽和臀围，使臀围扩展，同时收小裤口。重新调整前片腰口褶位及褶量，腰口褶全部为缝缉褶。后片左、右各保留两个省。

◎ 款式17为落裆设计，在裤基本纸样的基础上落裆12cm。前裤片有三个活褶，加大臀围量，调整前片腰口褶位及褶量。

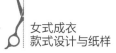

● 制图要点

　　◎ 裤子打褶的设计。

● 规格尺寸

单位：cm

部位 款式	裤长	上裆	腰围	臀围	膝围宽	裤口宽
款式15	91	25	64（松紧）	94	22.5	17.5
款式16	90	29.5（含腰头宽）	68	109	24.5	18.5
款式17	92	43（含腰头宽）	68	98	21	17

款式15

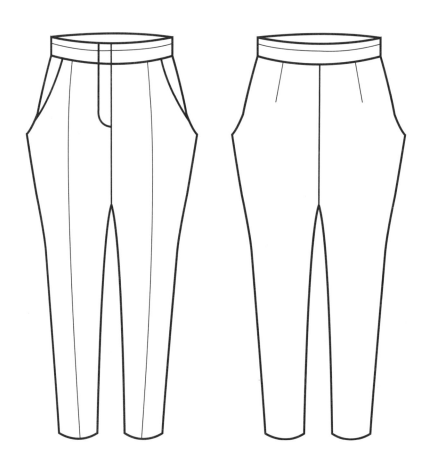

款式15制图

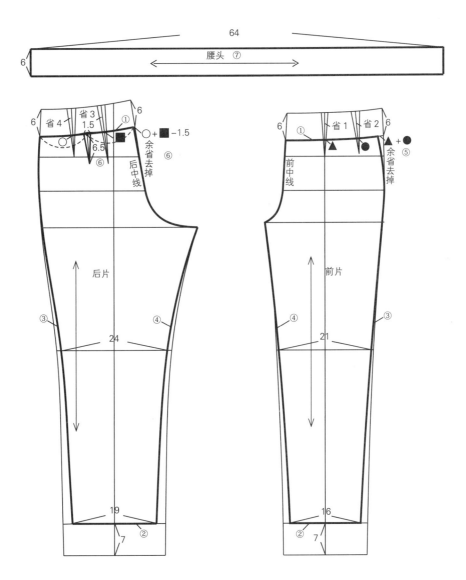

① 此款为低腰裤，裤基本纸样腰围线平行下移6cm，作为腰围降低的高度，重新确定前、后片腰围线。

② 裤长减短7cm，因为锥型裤裤口较窄，在裤基本纸样基础上减小裤口宽度。取前裤口宽为16cm、后裤口宽为19cm，重新画裤口线。

③ 取前膝围宽为21cm、后膝围宽为24cm，曲线连顺臀围到裤口的侧缝线。

④ 重新画顺前、后片下裆线。

⑤ 在前片侧缝处收掉前腰省1和前腰省2的余量，画顺腰围到臀围的侧缝线。

⑥ 后片腰围的剩余省量为○+■，按如下方法分配：在后片腰围中点处收1.5cm的省，省长6.5cm，将剩余的省量○+■-1.5cm在后中线处去掉。

⑦ 做松紧腰头。腰头宽6cm，长64cm。

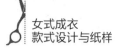

款式16

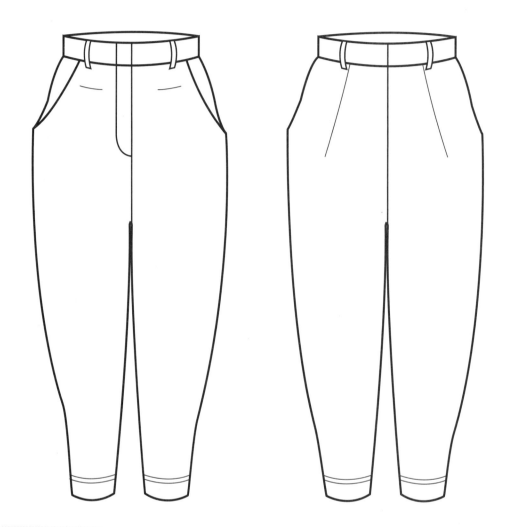

款式16制图

① 上裆线平行下移1.5cm，前片小裆宽增加2.5cm，后片大裆宽增加3cm。

② 裤长减短8cm，取前裤口宽为17cm、后裤口宽为20cm，重新画裤口线。

③ 膝围线平行下移4cm，取前膝围宽为23cm、后膝围宽为26cm。

④ 重新画顺前、后片下裆线。

⑤ 根据款式前片腰围设计三个褶，每个褶的褶量为2cm，间隔2cm，总褶量为6cm。裤基本纸样前片的总省量为3.5cm，所以前片腰围要加大6-3.5，为2.5cm，在前中线处加2cm，侧缝处加0.5cm。

⑥ 为取得平衡，前片臀围加大4cm，画顺前片前中线、前裆弧线及侧缝线。

⑦ 为取得平衡，后片腰围加大1cm，臀围加大3.5cm，画顺后片后中线、后裆弧线及侧缝线。

⑧ 由于后片腰围加大了1cm，为了满足腰围尺寸，把此1cm的量分配到后片的两个省中。

⑨ 做腰头。腰头宽3cm，长68cm，搭门3cm。

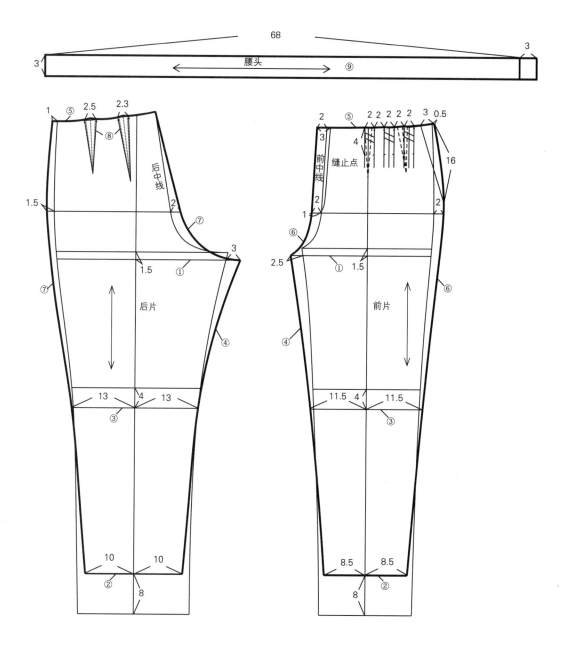

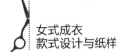
款式17

款式17制图

① 裤长减短6cm，取前裤口宽为15cm、后裤口宽为19cm，外翻边宽5cm，重新画裤口线。

② 在膝围线上取前膝围宽为19cm、后膝围宽为23cm。

③ 前、后片上裆线下移12cm。

④ 重新画顺前、后片下裆线。

⑤ 前片腰围加大2.5cm（前中线处分配1.5cm，侧缝处分配1cm），前片臀围加大2cm（前中线处分配0.5cm，侧缝处分配1.5cm），画顺前中线、前裆弧线及侧缝线。

⑥ 裤基本纸样前片的总省量为3.5cm，加上腰围加大的2.5cm，即前片总褶量为6cm。设计3个褶，每个褶的褶量为2cm，间距为2.5cm。第一个褶距前中线6cm。

⑦ 画顺后中线、后裆弧线及侧缝线。

⑧ 做腰头。腰头宽6cm，长68cm，搭门2cm。

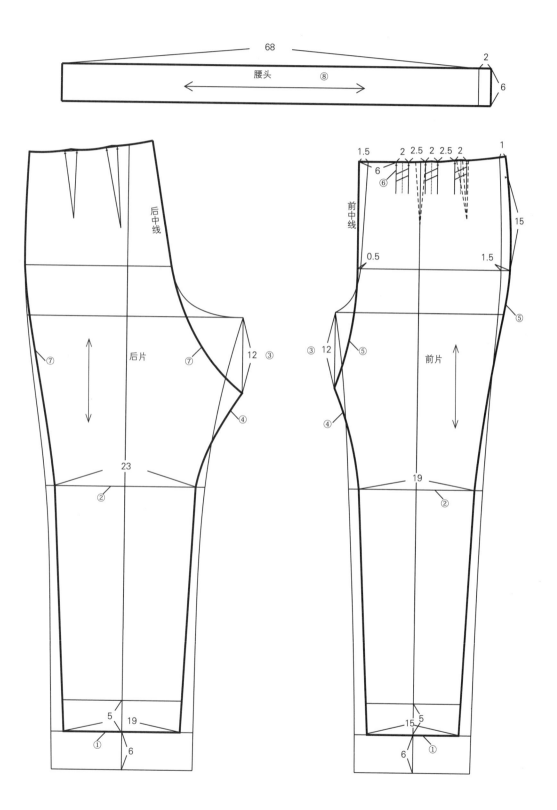

第四节
喇叭型裤

款式18

款式19

款式20

● 结构分析

◎ 喇叭型裤的廓型和锥型裤的廓型正好相反，为上小下大的正梯形。臀部合体，中裆紧缩，通过增大裤口来达到喇叭状造型。

◎ 此系列款式的结构重点为喇叭裤口的设计，即喇叭口的起点和喇叭量的大小。

◎ 款式18为喇叭型裤的基本款，臀部合体，喇叭口起点在膝围线上6cm处，膝围部位收紧，裤口扩展，形成小喇叭状。后片腰头下设置育克分割，原腰省闭合。前片剩余省量在侧缝处收掉，后片剩余省量在后中线处收掉。

◎ 款式19裤长至小腿中部，裤口线在基本纸样向上15cm处，腰口线降低4cm，在前中和侧缝处撇进，消除原省量。

◎ 款式20为大喇叭裤，低腰，需要在基本纸样上降低腰口线。由于裤长及地，裤长加长6cm，喇叭口起点在膝围线上2cm处。由于裤口较大，必须设置分割线，分别在分割线两侧及侧缝处把褶量加入才能达到大喇叭口的要求。

● 制图要点

　◎ 喇叭口的结构设计。

　◎ 腰部育克的结构设计。

● 规格尺寸

单位：cm

款式\部位	裤长	上裆	腰围	臀围	膝围宽	裤口宽
款式18	103	25	68	94	22	28
款式19	79	21	77	94	22	25
款式20	99	19	83	94	21.5	43

款式18

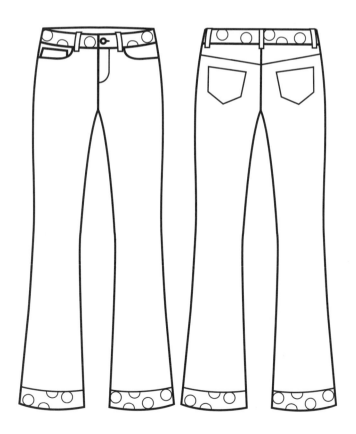

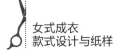

款式18制图

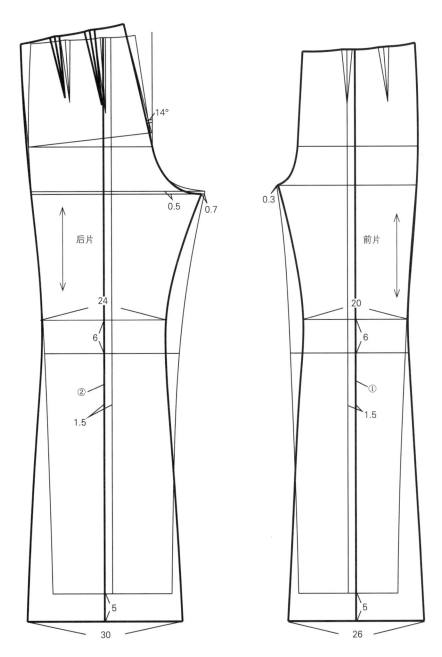

① 在裤基本纸样的基础上，前片的裤中线向侧缝方向移1.5cm，裤长加长5cm，膝围线上抬6cm；由于喇叭裤裤口肥大，需加大裤口围度，取前裤口宽为26cm，前膝围宽为20cm；前小裆宽减少0.3cm。画顺侧缝线和下裆线。

② 在裤基本纸样的基础上，后片裤中线向侧逢方向移1.5cm，裤长加长5cm，膝围线上抬6cm；取后裤口宽为30cm，后膝围宽为24cm。后片横裆线下移0.5cm，后大裆宽减少0.7cm。画顺侧缝线和下裆线。

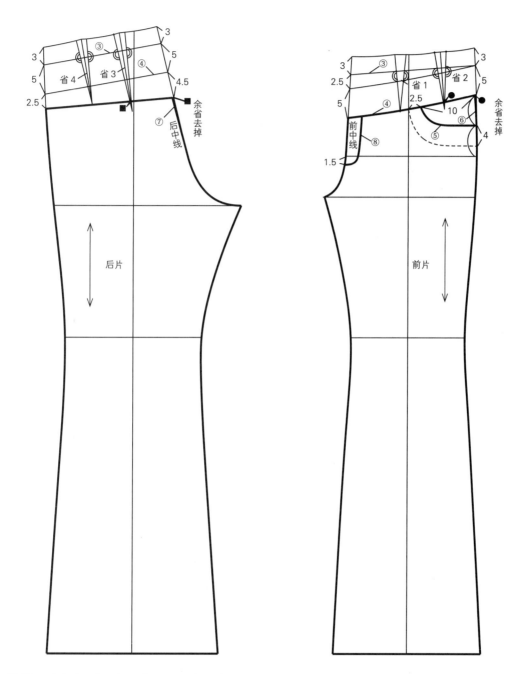

③ 前、后片腰围线平行下移3cm，重新确定新腰围线。

④ 在新腰围线的基础上，前中线向下2.5cm，作为前片的腰围线。前、后片新腰围线再平行下移5cm作为腰头宽度。

⑤ 确定前片的插袋位置。

⑥ 在前片侧缝处收掉前腰省2的余量，画顺腰围到臀围的侧缝线。

⑦ 在后片确定后育克的位置，后片剩余省量在后中线处收掉。

⑧ 画门襟曲线。门襟宽为2.5cm，臀围线向下1.5cm为门襟止点。门襟纱向线与前中线平行。

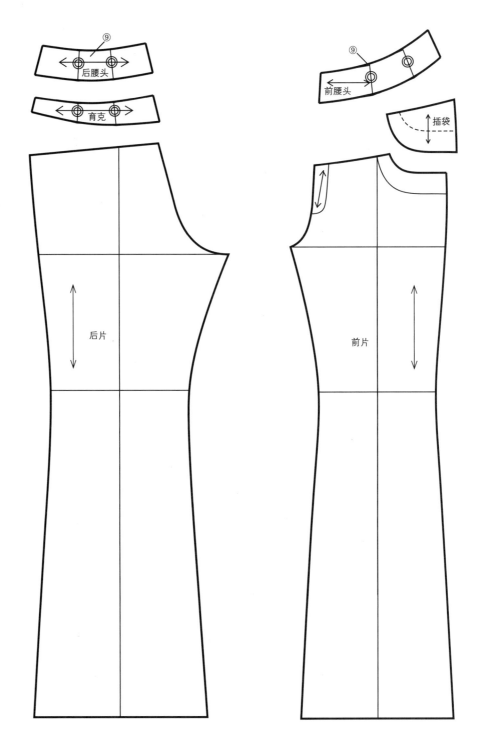

⑨ 合并前、后片腰头部位的省量，制作弯腰头。合并后片育克部位的省量并修圆顺。

款式19

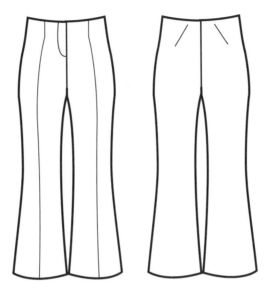

款式19制图

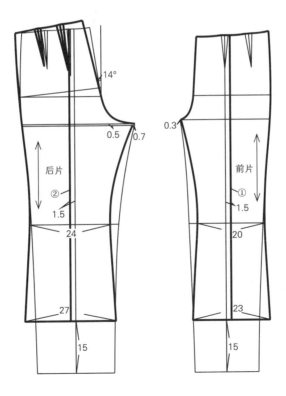

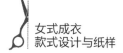

① 在裤基本纸样的基础上，前片的裤中线向侧缝方向移1.5cm，裤长减短15cm，取前裤口宽为23cm、前膝围宽为20cm，前小裆宽减少0.3cm。画顺侧缝线和下裆线。

② 在裤基本纸样的基础上，后片的裤中线向侧缝方向移1.5cm，裤长减短15cm，取后裤口宽为27cm、后膝围宽为24cm。后片横裆线下移0.5cm，后大裆宽减少0.7cm。画顺侧缝线和下裆线。

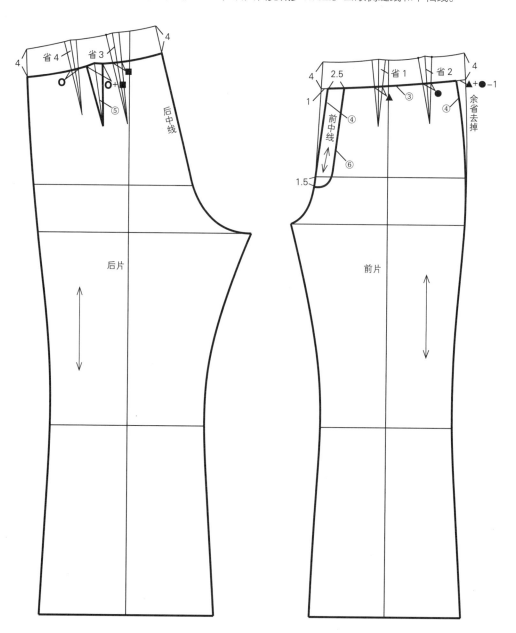

③ 裤基本纸样腰围线平行下移4cm，重新确定前、后片腰围线。

④ 在腰围前中线处收掉1cm，重新画前中线。在前片侧缝位置收掉剩余省量，画顺侧缝线。

⑤ 在后腰围线中点处收一个省，省的大小为后片剩余省量。

⑥ 画门襟曲线。门襟宽为2.5cm，臀围线向下1.5cm为门襟止点。门襟纱向线与前中线平行。

款式20

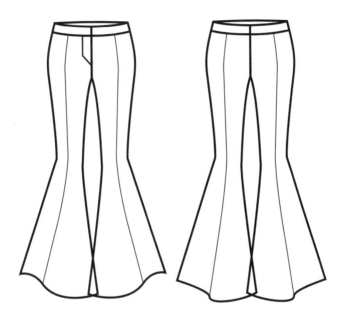

款式20制图

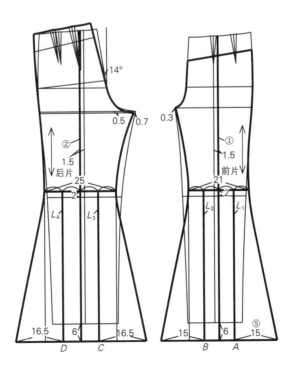

① 在裤基本纸样的基础上，前片的裤中线向侧缝方向移1.5cm，裤长加长6cm，取前膝围宽为21cm，前小裆宽减少0.3cm。

② 在裤基本纸样的基础上，后片的裤中线向侧缝方向移1.5cm，裤长加长6cm，取后膝围宽为25cm。后片横裆线下移0.5cm，后大裆宽减少0.7cm。

③ 将前、后片膝围线上抬2cm，把前、后膝围线各四等分，从中点绘制L_1～L_4线。从A点、B点分别向两侧延长15cm，从C点、D点分别向两侧延长16.5cm，画顺前、后片侧缝线和下裆线。

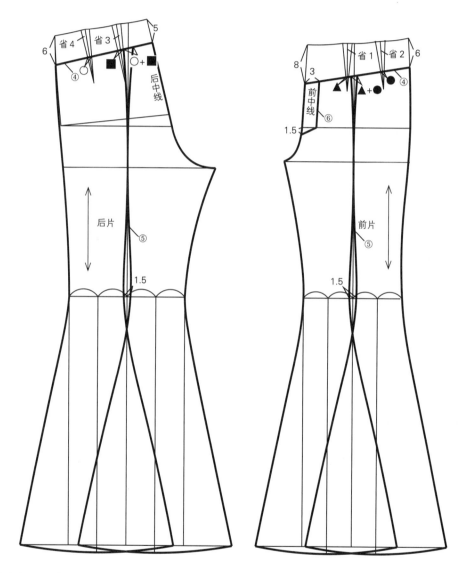

④ 确定新腰围线位置：裤基本纸样腰围线的前中线下落8cm，前侧缝下落6cm，后中线下落5cm，后侧缝下落6cm。

⑤ 在前片裤中线处收取前片剩余省量，在后片裤中线处收取后片剩余省量。在前、后片膝围线位置各收掉1.5cm，画顺分割线。

⑥ 设定门襟的位置和形状。门襟宽为3cm，臀围线向下1.5cm为门襟止点。

款式20完成图

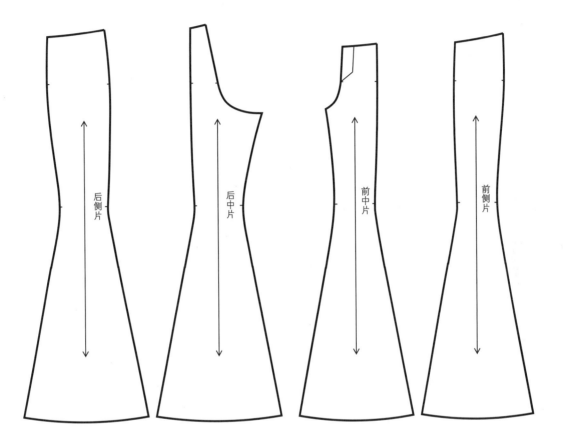

后侧片

后中片

前中片

前侧片

第五节
裙裤

款式21

款式22

款式23

● 结构分析

◎ 裙裤的造型是将裤与裙的结构特点综合应用。裙裤保持了裙子的外观效果，区别在于裙裤裆部的长度与宽度都要比裤子大一些，裙摆的大小可以根据设计需要来确认。

◎ 由于裙裤保持了裙子的外观效果，因而一切适合裙子的款式设计都适合在裙裤中运用。

◎ 款式21裤长在大腿中部，前片设计分割线。前片省道下降至臀围，合并省量转移至下摆，使整体造型呈小A型。分割线下的纸样处理方法是平行切展加入8cm对褶量。

◎ 款式22裤长在膝关节处，纸样的处理方法是从腰线到裤口把前、后片各分成4份，然后合并部分省量，转移至下摆。剩余的省量前片做活褶，后片做省。

◎ 款式23裤长在膝围线下20cm，裙摆量比款式22明显加大。纸样的处理方法是把省量全部转移至下摆，同时还须设置切开线，在切开线处继续切展纸样加入褶量。

● 制图要点

◎ 通过纸样切展的方法展开裤口，以达到裙子的外观效果。

● 规格尺寸

单位：cm

款式\部位	裤长	上裆	腰围	臀围
款式21	41	25	68	94
款式22	58	29	68	100
款式23	73	25	68	—

款式21

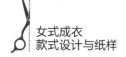
款式21制图

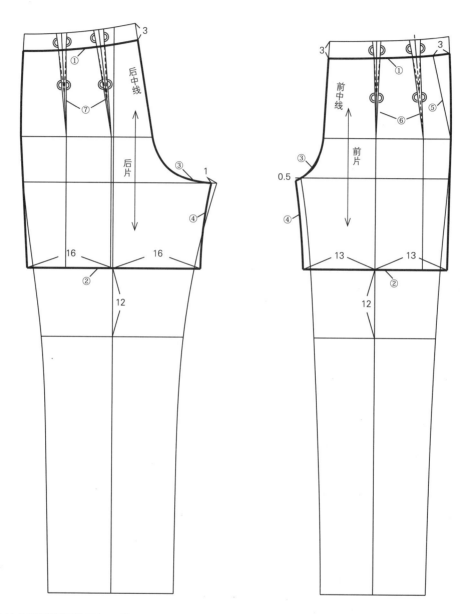

① 裤基本纸样腰围线平行下移3cm，重新确定前、后片腰围线。

② 从膝围线向上12cm，确定裤长，取前裤口宽为26cm、后裤口宽为32cm，重新画裤口线。

③ 前片小裆宽增加1cm，横裆线下落0.5cm；后片大裆宽减少1cm，重新画顺前、后裆弧线。

④ 重新画顺前、后片下裆线。

⑤ 设定袋口位置。

⑥ 将前片腰省降至分割线，合并腰省，将省量转入分割线。

⑦ 将后片腰省降至分割线，合并腰省，将省量转入分割线。

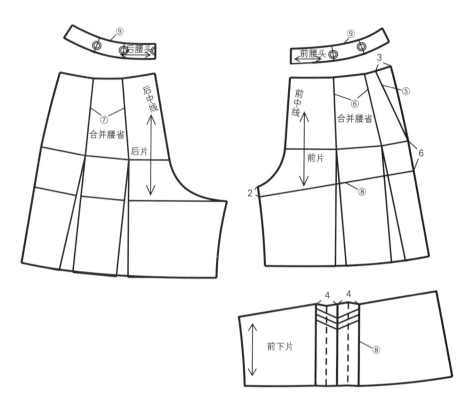

⑧ 依据款式图，设定前片分割线，沿前片裤中线切展纸样，加入8cm褶量。

⑨ 合并前、后片腰头省量，并以圆顺的曲线修顺腰头弧线。

款式22

款式22制图

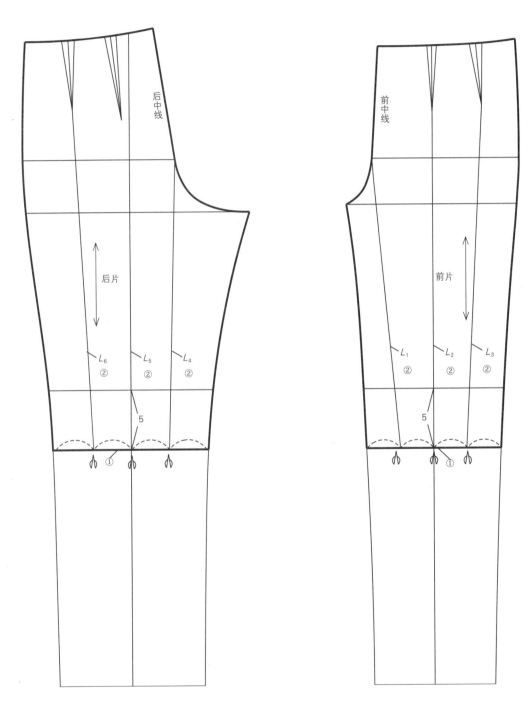

① 从膝围线向下5cm，确定裤长。

② 把前、后裤口分别分成四等分，设定分割线L_1、L_2、L_3、L_4、L_5、L_6。

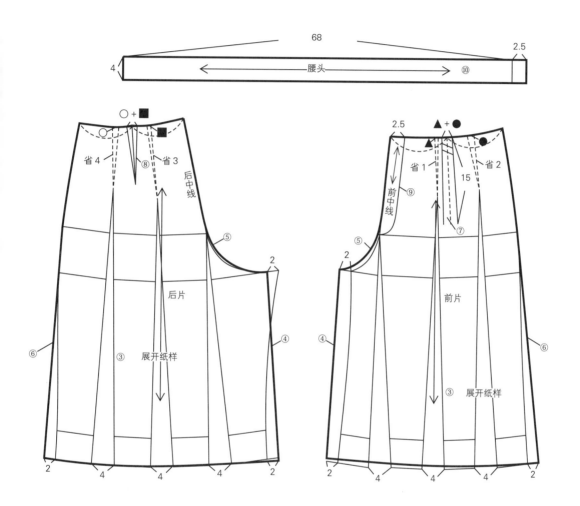

③ 沿$L_1 \sim L_6$线剪开纸样，每条分割线处展开4cm，省道被部分合并，修圆顺裤口弧线。

④ 前片小裆宽增加2cm，裤口宽增加2cm，以直线连接；后片大裆宽减少2cm，裤口宽增加2cm，以直线连接。

⑤ 重新画顺前、后裆弧线。

⑥ 侧缝处裤口宽增加2cm，画顺前、后片侧缝线。

⑦ 在前片腰围线中点设置一个褶，褶长15cm，缉缝，褶量为前片剩余省量▲+●。

⑧ 在后片腰围线中点设置一个省，省量为后片剩余省量○+■。

⑨ 门襟宽为2.5cm，臀围线处为门襟止点。门襟纱向线与前中线平行。

⑩ 做腰头。腰头宽4cm，长68cm。

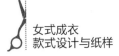

款式23

款式23制图

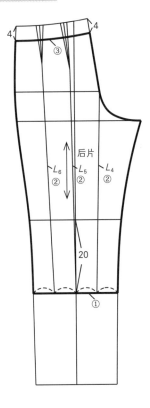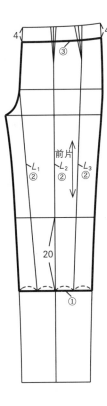

① 从膝围线向下20cm，
确定裤长。

② 把前、后裤口分别分
成四等分，设定分
割线 L_1、L_2、L_3、L_4、
L_5、L_6。

③ 裤基本纸样腰围线平
行下移4cm，重新确
定前、后片腰围线。

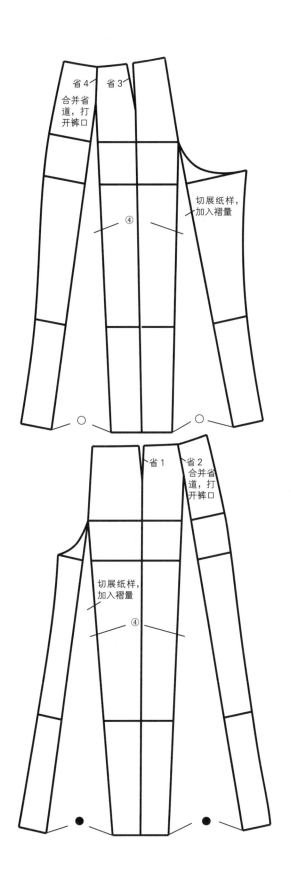

④ 沿L_3、L_6线剪开纸样，合并省2和省4，前片裤口打开的量为●，后片裤口打开的量为○；沿L_1、L_4线切展纸样，前片加入褶量，褶量为●，后片加入褶量，褶量为○。

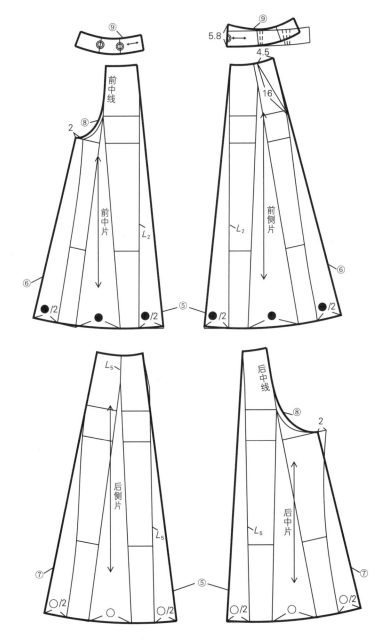

⑤ 沿L_2、L_5线剪开纸样，L_2、L_5线为结构分割线。在前片L_2线两侧各加入●/2的褶量，在后片L_5线两侧各加入○/2的褶量，并以直线连接。

⑥ 前片小裆宽增加2cm，前片裤口、侧缝位置增加褶量，褶量为●/2，以直线连接前片下裆线和侧缝线，并修圆顺前片裤口弧线。

⑦ 后片大裆宽减少2cm，后片裤口、侧缝位置增加褶量，褶量为○/2，以直线连接后片下裆线和侧缝线，并修圆顺后片裤口弧线。

⑧ 重新画顺前、后裆弧线。

⑨ 合并前、后片腰头省量，并以圆顺的曲线修顺腰头弧线。

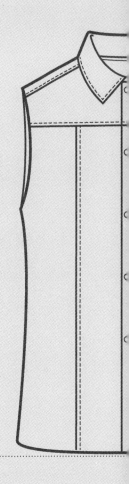

第四章

衬衫的结构
设计与纸样

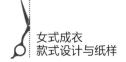
 第一节
上装基本纸样的结构设计

│ 上装基本纸样的部位名称

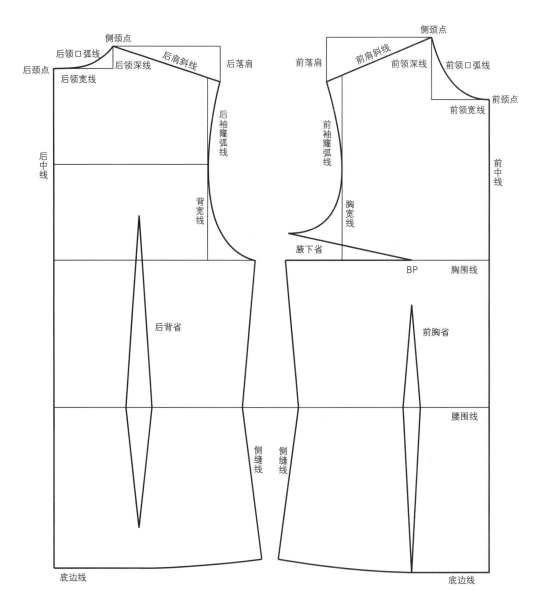

| 上装基本纸样的制图方法

● 上装基本纸样尺寸

单位：cm

部位	衣长	胸围	腰围	臀围	肩宽	前腰长	后腰长	臀高	背宽	胸宽	乳间距	领围
尺寸	60	94	78	98	39	41.5	40.5	18.5	18	17	18	33.6

● 绘制衣身基础线

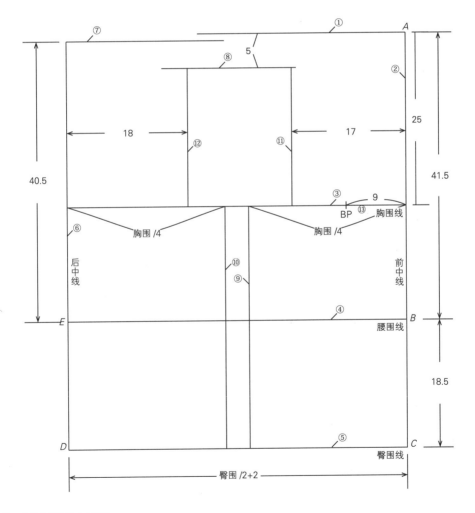

① 从A点绘制前片上平线。

② 从A点向下取60cm，作为前中线。

③ 从A点向下取胸高25cm，确定胸围线。

④ 从A点向下取前腰长41.5cm，确定腰围线。

⑤ 从腰围线向下取臀高18.5cm，确定臀围线。

⑥ 从C点向后中线方向取臀围/2+2=51cm，再垂直向上确定后中线。

⑦ 从E点向上取后腰长40.5cm，确定后片上平线。

⑧ 从前片上平线向下5cm，画落肩辅助线。

⑨ 在胸围线上，从前中线向后中线方向取胸围/4=23.5cm，画前侧缝辅助线。

⑩ 在胸围线上，从后中线向前中线方向取胸围/4=23.5cm，画后侧缝辅助线。

⑪ 在胸围线上，从前中线向后中线方向取胸宽=17cm，向上画胸宽线。

⑫ 在胸围线上，从后中线向前中线方向取背宽=18cm，向上画背宽线。

⑬ 在胸围线上，取乳间距/2=9cm，确定BP点。

● 绘制衣身轮廓线

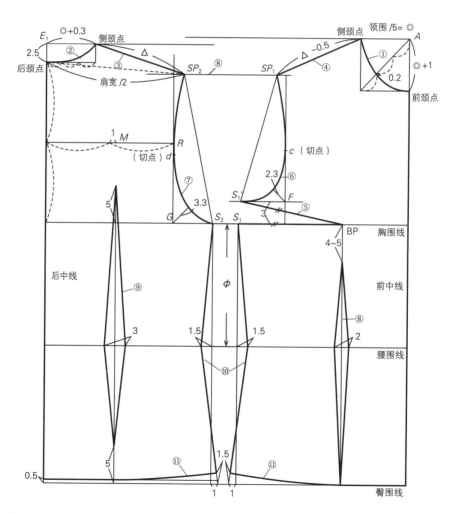

① 绘制前领口弧线。由A点沿水平线取前领宽为领围/5=◎=6.7cm，得到侧颈点。由A点沿前中线取前

领深为◎+1=7.7cm，画领口矩形。依据对角线上的参考点，画圆顺前领口弧线。

② 绘制后领口弧线。由E_1点沿水平线取后领宽为◎+0.3=7（cm），沿后中线取后领深2.5cm，画圆顺后领口弧线。

③ 绘制后肩斜线。由后颈点向落肩辅助线⑧量取肩宽/2=19.5cm，确定肩点SP_2，连接后肩斜线。

④ 绘制前肩斜线。由前侧颈点向落肩辅助线⑧量取后肩斜线长▲-0.5cm=13.1-0.5=12.6cm。

⑤ 绘制胸省。距胸围线3cm处画一条平行线，从BP点画省的上边线，注意两条省边线等长。

⑥ 绘制前袖窿弧线。由F点作45°斜线，在线上取2.3cm作为参考点，过SP_1点、前宽切点c、袖窿参考点和S_1'点画圆顺后袖窿弧线。

⑦ 绘制后袖窿弧线。由G点作45°斜线，在线上取3.3cm作为参考点，过SP_2点、后宽切点d、袖窿参考点和S_2点画圆顺后袖窿弧线。

⑧ 绘制前腰省。从BP点向下4~5cm作为省尖点，并向下画垂线与臀围线相交，作为省中线，省量为2cm。

⑨ 绘制后腰省。将后中线至R点间的线段两等分，向袖窿方向取1cm确定M点，并向下作垂线作为省中线，省量为3cm。

⑩ 绘制侧缝线。在前、后腰围线上各收进1.5cm，在臀围线上各放出1cm的松量。

⑪ 绘制底边线。底边起翘1.5cm，后中线上抬0.5cm，画圆顺前、后片底边线。

● 绘制袖子基础线

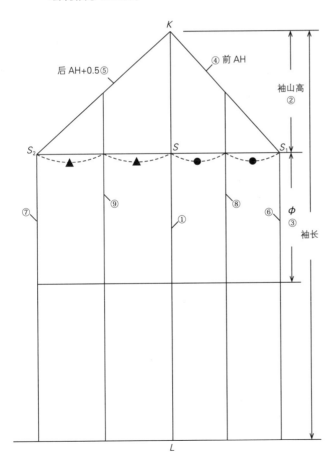

① 取袖长KL=58cm。

② 确定袖山高KS。

袖山高=（前肩高+后肩高）/2×0.8=（17.7+20.4）/2×0.8=15.2cm

前肩高SP_1~S_1'的长度=17.7cm

后肩高SP_2~S_2的长度=20.4cm

③ 确定袖肘线。

袖肘线的确定方法：

袖基本纸样上袖肥线至袖肘线的长度=衣身基本纸样上胸围线至腰围线的距离ϕ

④ 由K点向前袖肥线取斜线长等于前AH=20.9cm。

⑤ 由K点向后袖肥线取斜线长等于后AH22.6+0.5=23.1cm。

⑥、⑦ 画出前、后袖底缝。

⑧ 把S~S_1的距离等分，画出等分线。

⑨ 把S~S_2的距离等分，画出等分线。

单位：cm

前肩高	17.7
后肩高	20.4
前AH（前袖窿弧长）	20.9
后AH（后袖窿弧长）	22.6

● 绘制袖子轮廓线

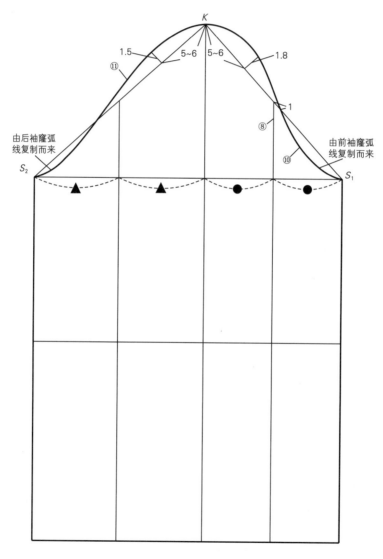

⑩ 绘制前袖山弧线。

复制衣身基本纸样的前袖窿底部$S_1'c$的曲线段至袖基本纸样轮廓线上，作为前袖山弧线的底部。在前袖山斜线上从K点向下量取5～6cm的长度，由该位置作前袖山斜线的垂直线，取1.8cm的长度，再沿袖山斜线与⑧线的交点向下1cm处作为袖山弧线的转折点，然后过K点和两个新的定位点及袖山底部圆顺前袖山弧线。

⑪ 绘制后袖山弧线。

复制衣身基本纸样的后袖窿底部S_2d的曲线段至袖基本纸样轮廓线上，作为后袖山弧线的底部。在后袖山斜线上从K点向下量取5～6cm的长度，由该位置作后袖山斜线的垂直线，取1.5cm的长度，然后过K点和新的定位点及袖山底部画圆顺后袖山弧线。

▎直身衬衫基本纸样的制图方法

直身衬衫基本纸样为宽松型，衣身上腰部不设置省道。

● 设定前、后片轮廓线和切开线

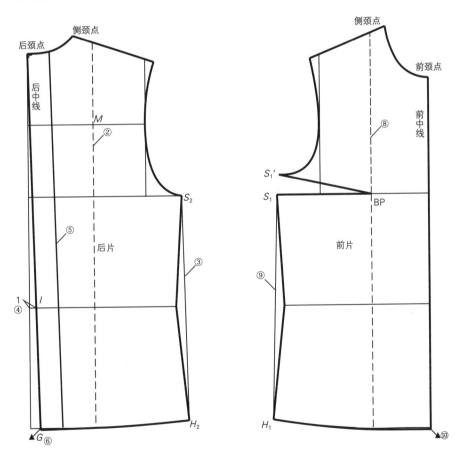

单位：cm

部位	衣长	胸围	腰围	臀围	肩宽	前腰长	后腰长	臀高	背宽	胸宽	乳间距	领围
尺寸	60	95	—	—	39.8	41.5	40.5	18.5	18.1	17.2	18.4	37.4

后片

① 复制上装基本纸样的后片轮廓线（包括M点水平线和背宽线）。

② 通过M点作垂线。

③ 连接S_2H_2，作为新的后片侧缝线。

④ 后中腰围线处收1cm的省，连接后颈点与I点并延长。

⑤ 在后颈点处作直角，作为后片纱向线，与新的后中线平行。

⑥ 在G点处作直角，与H_2点连接。

前片

⑦ 复制上装基本纸样的前片轮廓线（包括胸宽线和胸省）。

⑧ 通过BP点作垂线。

⑨ 连接S_1H_1，作为新的前片侧缝线。

⑩ 延长前中线，延长量与后中线的延长量相等。

● 前、后片的展开

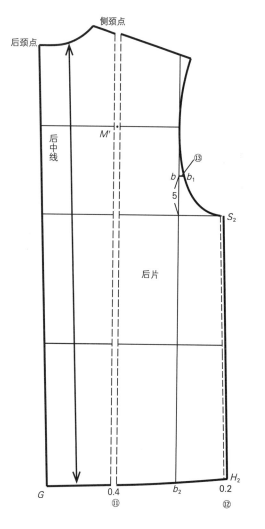
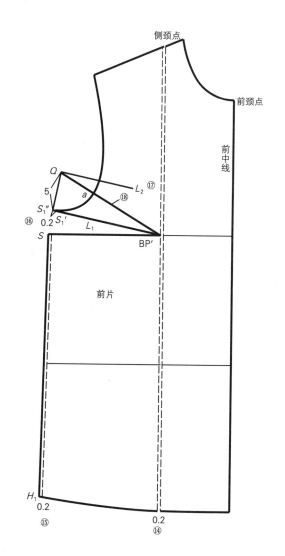

后片

⑪ 在M点的垂直线处平行切展0.4cm，将M点切展量的中间位置作为M'点。

⑫ 侧缝线向外侧移出0.2cm。

⑬ 在背宽线上作胸围线的平行线，间距5cm。

前片

⑭ 在BP点的垂直线处平行切展0.2cm，将侧缝一侧的点作为BP'点。

⑮ 侧缝线向外侧移出0.2cm。

⑯ S_1'点向外移0.2cm，为S_1''点。

⑰ 作L_1的平行线L_2，间距5cm，产生Q点。

⑱ 连接Q点与BP'点，与袖窿弧线交于a点。

- 前、后片纸样旋转

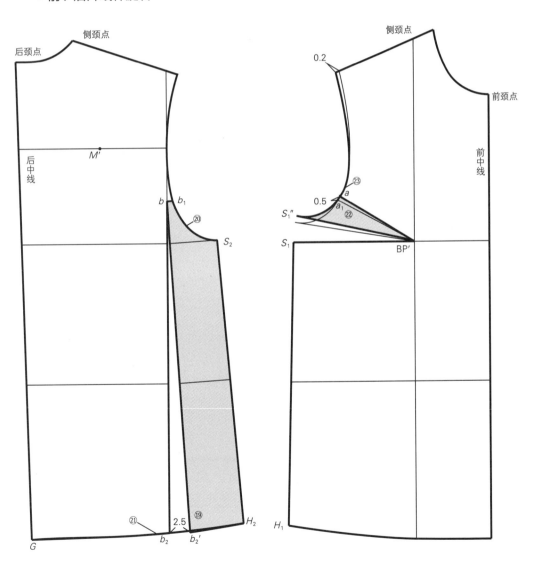

后片

⑲ 旋转后片灰色部分，使b_2b_2'=2.5cm（b_2点增加2.5cm的衣摆量）。

⑳ 修正后袖窿弧线。

㉑ 修顺底摆线。

前片

㉒ 旋转前片灰色部分，使aa_1=0.5cm（袖窿打开0.5cm，产生S_1''）。

㉓ 前小肩斜线延长0.2cm，修正前袖窿弧线。

- **袖山高的确定**

制图前的准备：合并袖窿省，将前、后片的侧缝线对合在一起，把胸围线水平放置，从S点引垂直线作为袖中线。

① 从SP_2点引水平线与袖中线相交于P_2。

② 从SP_1点引水平线与袖中线相交于P_1。

③ 把P_1P_2的中点T到S的距离等分为5份，取4/5份作为袖山高。

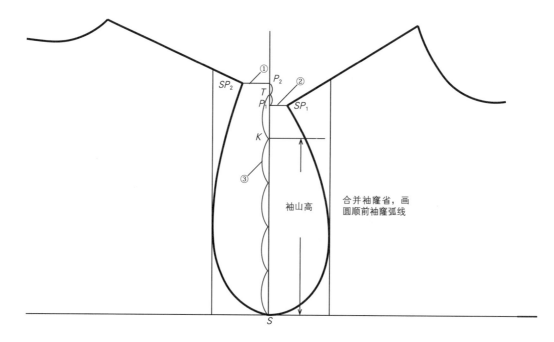

单位：cm

前AH（前袖窿弧长）	21.5
后AH（后袖窿弧长）	22.8

● 绘制袖子基础线和轮廓线

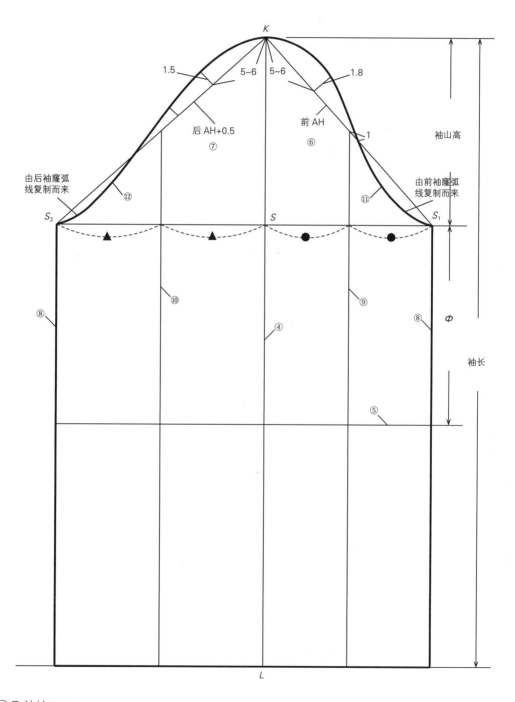

④ 取袖长*KL*=58cm。

⑤ 确定袖肘线。

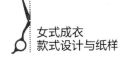
袖肘线的确定方法：

袖基本纸样上的袖肥线到袖肘线的长度＝衣身基本纸样上胸围线到腰围线的距离ϕ。

⑥ 由K点向前袖肥线取斜线长等于前AH=21.5cm。

⑦ 由K点向后袖肥线取斜线长等于后AH+0.5=23.3cm。

⑧ 画出前、后袖底缝线。

⑨ 把SS_1的距离等分，画出等分线。

⑩ 把SS_2的距离等分，画出等分线。

⑪ 绘制前袖山弧线。

复制衣身基本纸样的前袖窿底部$S_1''a$的曲线段至袖基本纸样轮廓线上，作为前袖山弧线的底部。在前袖山斜线上从K点向下量取5～6cm的长度，由该位置作前袖山斜线的垂直线，取1.8cm的长度，沿袖山斜线与⑨线的交点向下1cm作为袖山弧线的转折点，然后过K点和两个新定位点及袖山底部画圆顺前袖山弧线。

⑫ 绘制后袖山弧线。

复制衣身基本纸样的后袖窿底部S_2b_1的曲线段至袖基本纸样轮廓线上，作为后袖山弧线的底部。在后袖山斜线上从K点向下量取5～6cm的长度，由该位置作后袖山斜线的垂直线，取1.5cm的长度，然后过K点和新定位点及袖山底部画圆顺后袖山弧线。

第二节
合体女衬衫

牛仔衬衫系列

款式24

款式25

● 结构分析

◎ 牛仔衬衫是较常见的衬衫品种。此系列属于合体衬衫，选用女上装基本纸样进行结构设计。

◎ 分割线是牛仔衬衫中常用的设计元素。分割线起到适体和造型的双重目的。分割线的数量和位置根据款式和美的法则进行设计。

◎ 款式24为无袖女衬衫，分底领、翻领。将前片肩线平行向下3cm作一条分割线，再在后片上由肩线向下8.5cm作一条水平分割线，将前、后片分割下来的部分合并成单独的过肩。从前片前颈点向下10cm作一条横向分割线，从前片和后片的横向分割线至底边各设置一条纵向分割线。女上装基本纸样前片的胸省和腰省放在前片竖向分割线中收掉，后片的腰省放在后片的竖向分割线中收掉。

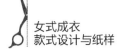

◎ 款式25和款式24在结构设计上相似，区别在于前片有两个带盖的贴袋。袖子属于较合体袖型，可以采用一片袖。袖山高采用4/5袖窿高。

● 制图要点

◎ 过肩的结构设计。

◎ 衬衫领的结构设计。

◎ 无袖款式的袖窿结构设计。

◎ 带盖贴袋的结构设计。

● 规格尺寸

单位：cm

款式＼部位	胸围	腰围	臀围	肩宽	袖长	袖口围	衣长
款式24	94	78	98	38	—	—	60
款式25	94	78	100	39	58	21	65

款式24

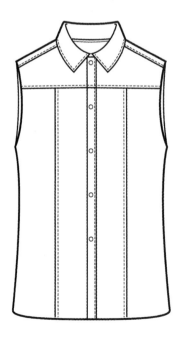
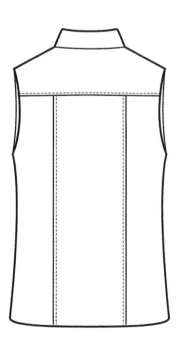

款式24衣身制图

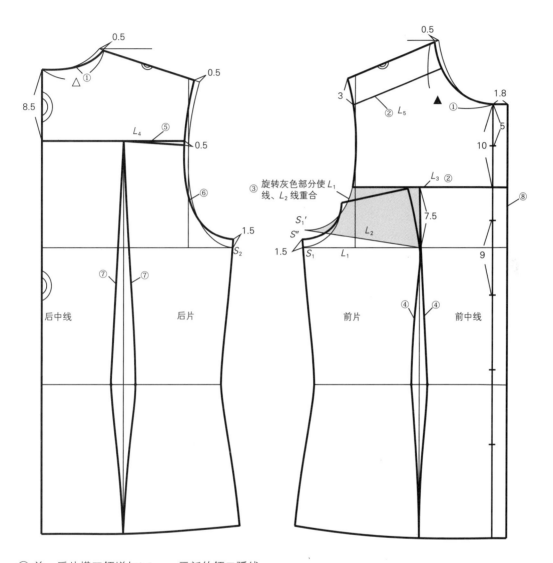

① 前、后片横开领增加0.5cm，画新的领口弧线。

② 依据款式图设计前片分割线L_3、L_5。延长前腰省中心线，与L_3相交。

③ 旋转灰色部分，使L_2线、L_1线重合，S_1'点和S_1点重合，把省道转移至前片分割线位置。

④ 用圆顺的曲线连接前片腰省设计线。

⑤ 依据款式图设计后片过肩L_4的位置，并在此设计0.5cm的肩胛骨省量。

⑥ 袖窿底点S_1、S_2向上抬高1.5cm，后肩斜线减少0.5cm，使前、后肩斜线等长，画顺后袖窿弧线。

⑦ 修顺后片腰省设计线。

⑧ 设计搭门宽度为1.8cm，确定扣位，间距为9cm。

款式24领子制图

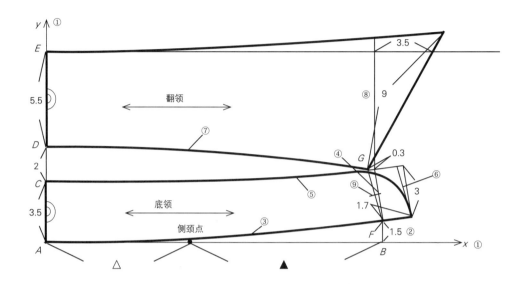

制图前的准备工作：量取前、后领口弧线的尺寸。

单位：cm

前领口	11.5
后领口	8.6
底领宽	3.5
翻领宽	5

① 从A点画水平线x和垂直线y。

A至侧颈点为后领口尺寸△=8.6cm

侧颈点至B为前领口尺寸▲=11.5cm

AC=底领宽=3.5cm，CD=2.5cm，DE=翻领宽=5cm

② 作垂直线BF=1.5cm。

③ 画弧线连接A点和F点，完成底领下口线。

④ 作侧颈点至F的垂线，并向里移进0.3cm为G点。FG =3cm。

⑤ 弧线连接C点和G点，画顺底领上口线。

⑥ 作FG的平行线，间距1.8cm，作为搭门量。搭门领台修成圆角，修顺底领上口线。

⑦ 画顺翻领上口弧线DG。

⑧ 翻领宽=5cm，领角造型依据款式图画圆顺。

⑨ 确定底领上的扣位。

款式24完成图

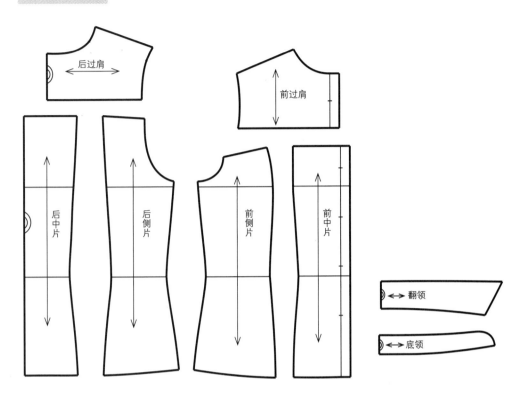

款式25

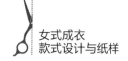

款式25衣身制图

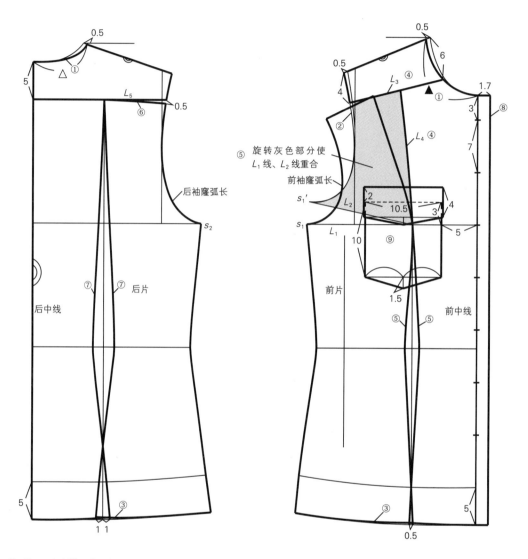

① 前、后片横开领增加0.5cm，画新的领口弧线。

② 前片肩斜线加长0.5cm，画顺前袖窿弧线。

③ 前、后片衣长加长5cm。

④ 依据款式图设计前片分割线L_3、L_4。

⑤ 旋转灰色部分，使L_2线、L_1线重合，S_1'点和S_1点重合，把省道转移至前片分割线位置。
  用圆顺的曲线连接前片腰省设计线。

⑥ 依据款式图设计后片过肩L_5的位置，后袖窿处设计0.5cm的肩胛骨省量。

⑦ 修顺后片腰部分割线。

⑧ 设计搭门宽度1.7cm。确定扣位，间距为7cm。

⑨ 依据款式图设计前胸贴袋及袋盖的造型，并确定贴袋位置。

款式25领子制图

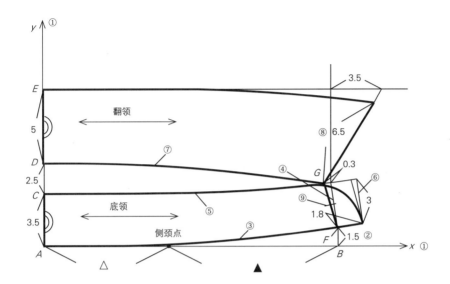

制图前的准备工作：量取前、后领口弧线的尺寸。

单位：cm

前领口	11.5
后领口	8.6
底领宽	3.5
翻领宽	5.5

① 从A点画水平线x和垂直线y。

　A至侧颈点为后领口尺寸△=8.6cm

　侧颈点至B为前领口尺寸▲=11.5cm

　AC=底领宽=3.5cm，CD=2cm，DE=翻领宽=5.5cm

② 作垂直线BF=1.5cm。

③ 画弧线连接A点和F点，切于侧颈点，完成底领下口线。

④ 作侧颈点至F的垂线，并向里移进0.3cm为G点。FG=3cm。

⑤ 弧线连接C点和G点。

⑥ 作FG的平行线，间距1.7cm，作为搭门量。搭门领台修成圆角，修顺底领上口线。

⑦ 画顺翻领上口弧线DG。

⑧ 翻领宽=5.5cm，领角造型依据款式图画圆顺。

⑨ 确定底领的扣位。

款式25袖子制图

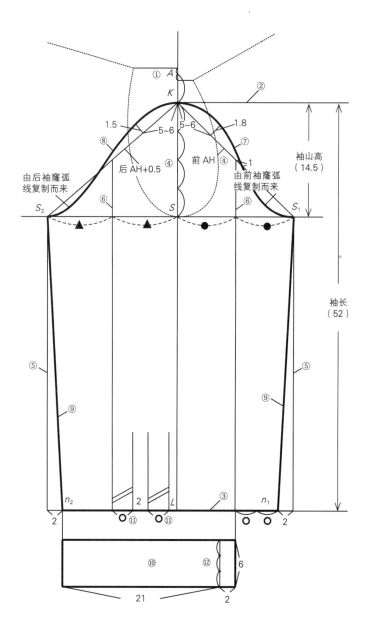

制图前的准备工作:

1. 量取前、后袖窿弧线的尺寸。

2. 复制前、后衣片的袖窿弧线。

① 取平均肩高点A。

② 确定袖山高。袖山高为4/5 AS。

③ 确定袖长KL=52cm。

④ 绘制前、后袖山斜线。
   前袖山斜线=前AH
   后袖山斜线=后AH+0.5

⑤ 绘制前、后袖底缝辅助线。

⑥ 绘制前、后袖肥的等分线。

⑦ 绘制前袖山弧线。

⑧ 绘制后袖山弧线。

⑨ 前、后袖口处各收进2cm,确定袖底缝线。

⑩ 确定袖克夫。袖克夫宽6cm,长21cm+2cm(搭门)=23cm。

⑪ 设计两个袖口褶。袖口褶褶量为n_1至n_2的距离减23cm。

⑫ 确定袖克夫上的扣位。

款式25完成图

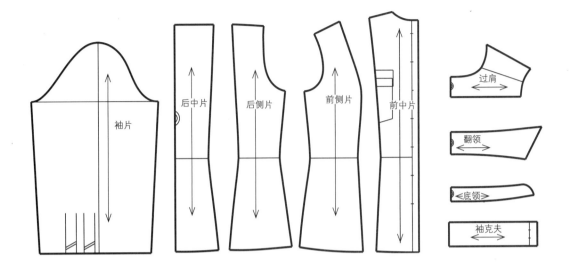

- 袖片
- 后中片
- 后侧片
- 前侧片
- 前中片
- 过肩
- 翻领
- 底领
- 袖克夫

中式衬衫系列

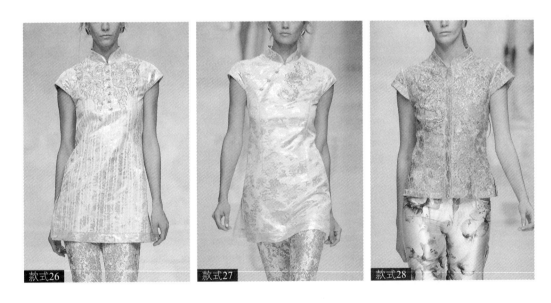

款式26 款式27 款式28

● 结构分析

◎ 此系列的三个款式整体造型贴合人体，选用女上装基本纸样进行结构设计。

◎ 门襟是服装的重要部件之一，也是服装穿脱功能的主要设计部位。此系列中的款式26采用半开式对襟，纽扣方式闭合；款式27采用不对称门襟，是中式服装中最常用的门襟方式；款式28采用贯通式暗门襟。

◎ 三款均为立领，但在细节上略有差别。款式26的立领贴合脖颈，绱领线偏直；款式27的绱领线偏曲；款式28的立领适当离颈，领宽适当增大0.5cm。

● 制图要点

◎ 门襟的结构设计。

◎ 立领的结构设计。

● 规格尺寸

单位：cm

款式\部位	胸围	腰围	臀围	肩宽	袖长	袖口	衣长
款式26	94	78	98	39	9	—	78
款式27	94	78	98	39	9	21	78
款式28	94	78	98	39	9	21	65

款式26

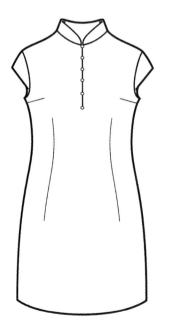
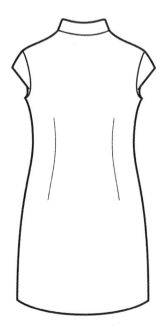

款式26衣身制图

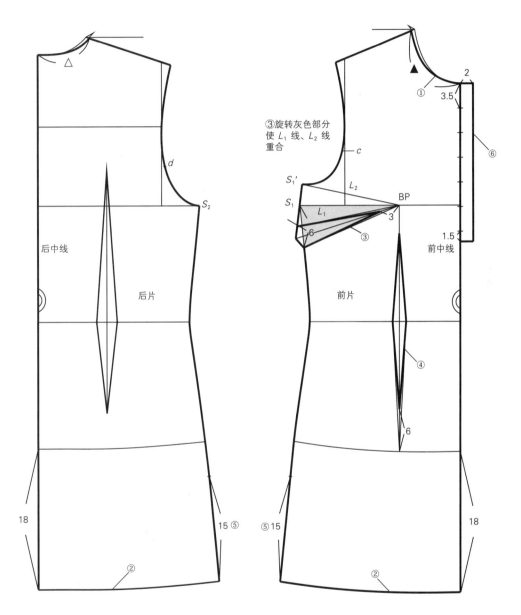

① 按款式图，修正前领口弧线呈略直状态。

② 前、后片衣长增加18cm。

③ 前片S_1点向下6cm，确定新的胸省线。旋转灰色部分，使L_1线、L_2线重合，S_1点和S_1'点重合，把省道转移至新的胸省线位置。修正胸省，使省尖点距BP点3cm。

④ 修正腰省，使省下止点向上移6cm。

⑤ 确定下摆侧开衩长15cm。

⑥ 确定底襟宽2cm。确定扣位，间距为3.5cm。

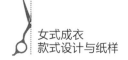
款式26领子制图

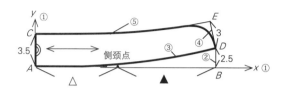

制图前的准备工作：量取前、后领口弧线的尺寸。

单位：cm

前领口	11.6
后领口	8.1

① 从*A*点画水平线*x*和垂直线*y*。

　　*A*至侧颈点为后领口尺寸△=8.1cm

　　侧颈点至*B*为前领口尺寸▲=11.6cm

　　AC=领高=3.5cm

② 作垂直线*BD*=2.5cm。

③ 画弧线连接*A*点和*D*点，完成领下口线。

④ 作侧颈点至*D*的垂线*DE*，*DE*=3cm。

⑤ 画弧线连接*C*点和*E*点，完成领外口弧线。

款式26袖子制图

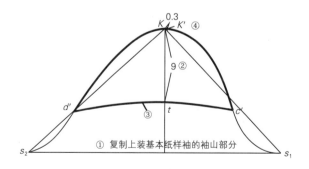

① 复制上装基本纸样袖的袖山部分。

② 取袖长*Kt*=9cm。

③ 取袖子上S_1c'=衣身上$S_1'c$，取袖子上S_2d'=衣身上S_2d，连顺*c'td'*。

④ *K*点向前移0.3cm，作为新的肩端点的对位点。

款式26完成图

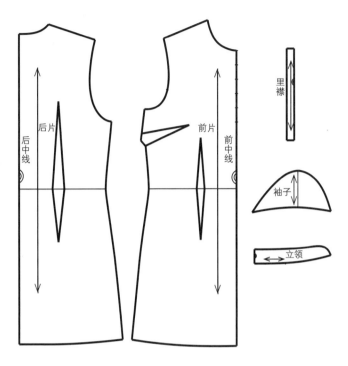

款式27

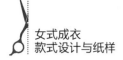
款式27衣身制图

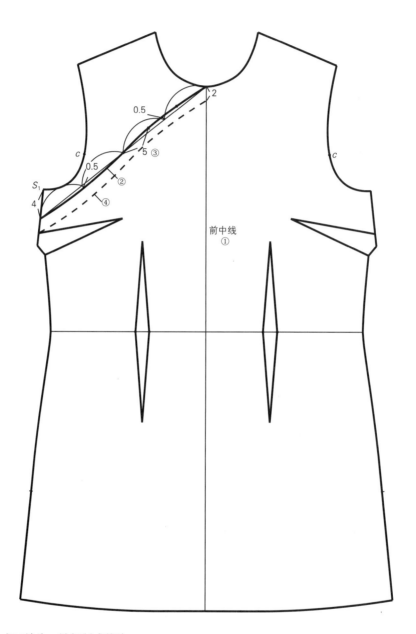

① 复制款式26前片，并复制成整片。

② 依据款式图确定门襟。

③ 确定扣位，间距为5cm。

④ 确定里襟。

　　款式27领子制图、袖子制图参考款式26。

款式27完成图

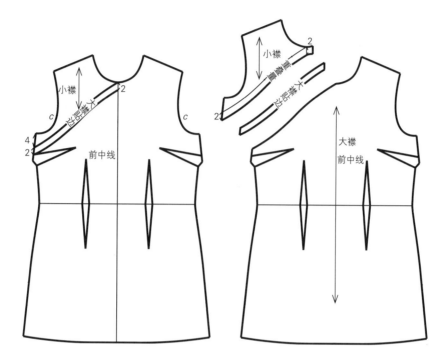

款式28

款式28衣身制图

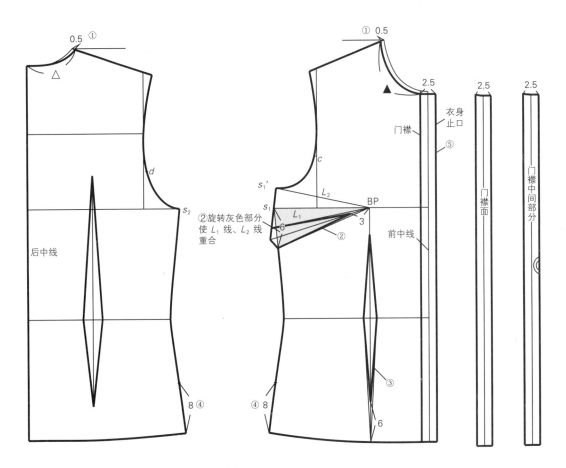

① 前、后片横开领增加0.5cm，画顺新的领口弧线。

② 前片S_1点向下6cm，确定新的胸省线。旋转灰色部分，使L_1线、L_2线重合，S_1点和S_1'点重合，把省道转移至新的胸省线位置。修正胸省，使省尖点距BP点3cm。

③ 修正腰省，使省下止点向上移6cm。

④ 设定下摆侧开衩长8cm。

⑤ 设计门襟宽度2.5cm。

　　款式28领子制图、袖子制图参考款式26。

第三节
宽松女衬衫

休闲衬衫系列

款式29

款式30

款式31

● 结构分析

◎ 此系列的三个款式整体造型为H型，选用直身衬衫基本纸样进行结构设计。

◎ 此系列的重点为袖子的结构设计。款式29为圆装袖，肩部宽松，需要适当加大肩宽，袖长过肘；款式30为插肩袖，袖长至肘；款式31为连袖。为配合宽松的衣身设计，三个款式均为宽松袖造型。

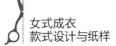

● 制图要点

◎ 袖山高和袖肥的关系。

◎ 插肩袖的制图方法。

◎ 连袖的制图方法。

● 规格尺寸

单位：cm

部位 款式	胸围	腰围	臀围	肩宽	袖长	衣长
款式29	96	101	109	43	35	70
款式30	96	101	109	43	25	80
款式31	96	101	109	43	8	70

款式29

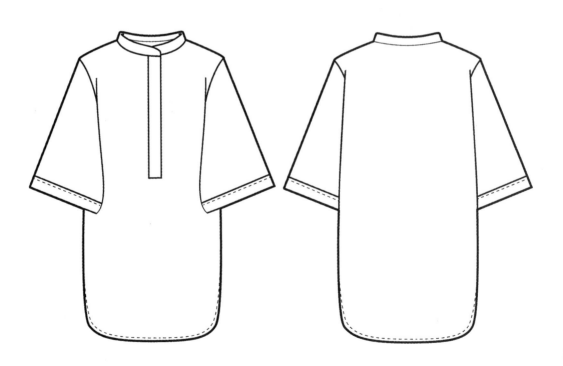

款式29衣身制图

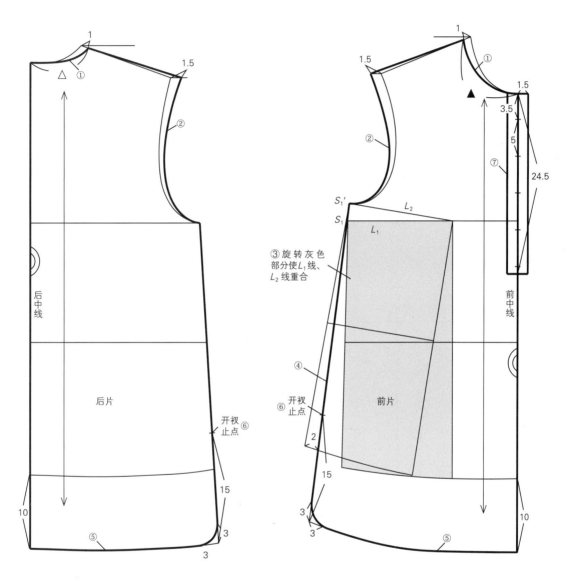

① 前、后片横开领增加1cm，画顺前、后领口弧线。

② 前、后片肩宽增加1.5cm，画顺前、后袖窿弧线。

③ 旋转灰色部分，使L_1线、L_2线重合，S_1点和S_1'点重合，把胸省量全部转移至下摆位置。

④ 侧缝在前片臀围线处收2cm，重新画顺侧缝线。

⑤ 前、后片衣长加长10cm，画顺底边线。

⑥ 设定下摆侧开衩长15cm，并修成圆角。

⑦ 设计门襟宽为3cm；确定扣位，间距为5cm。

款式29袖子制图

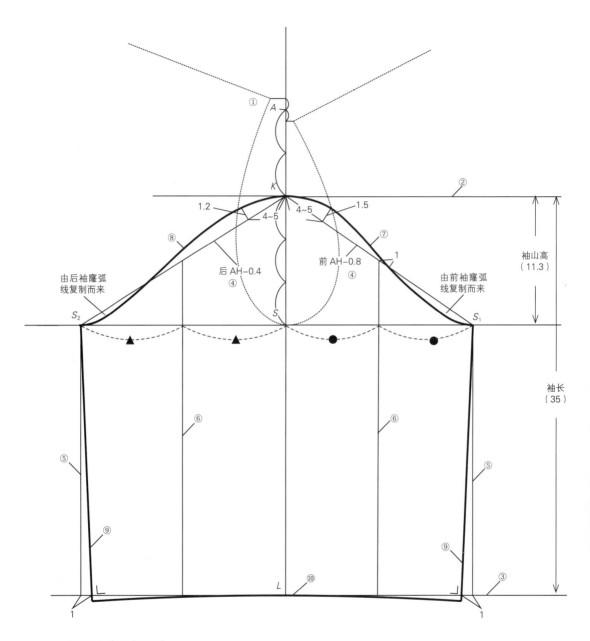

制图前的准备工作：

1. 量取前、后袖窿弧线的尺寸。

2. 复制前、后衣片的袖窿弧线。

① 取平均肩高点A。

② 确定袖山高。袖山高=3/5AS=11.3cm。

③ 确定袖长KL=35cm。

④ 绘制前、后袖山斜线。

　　前袖山斜线=前AH-0.8

　　后袖山斜线=后AH-0.4

⑤ 绘制前、后袖底缝辅助线。

⑥ 绘制前、后袖肥的等分线。

⑦ 绘制前袖山弧线。

⑧ 绘制后袖山弧线。

⑨ 前、后袖口各收1cm，画袖底缝线并修顺袖口弧线。

款式29领子制图

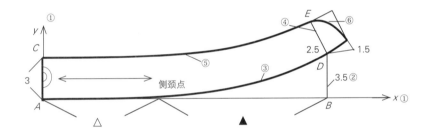

单位：cm

前领口	11.6
后领口	8.6

　　制图前的准备工作：量取前、后领口弧线的尺寸。

① 从A点画水平线x和垂直线y。

　　A至侧颈点为后领口尺寸△=8.6cm

　　侧颈点至B为前领口尺寸▲=11.6cm

　　AC=领宽=3cm

② 作垂直线BD=3.5cm。

③ 画弧线连接A点和D点，完成领下口线。

④ 作侧颈点至D的垂线DE，DE =2.5cm。

⑤ 弧线连接C点和E点，作为领上口线。

⑥ 作DE的平行线，间距1.5cm，作为搭门。搭门领台修成圆角，修顺领上口线。

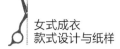

款式30

款式30衣身制图

① 前、后片横开领增加2cm，前领深增加8.5cm，画顺前、后领口弧线。

② 前、后片肩宽增加1cm，重新画出肩斜线。

③ 前片1cm的胸省量留在腋下，作为袖窿松量，将剩余的胸省量转移到下摆。即旋转灰色部分，使L_1线、L_2线重合，S_1点和S_1'点重合，剩余的胸省量即转移至下摆位置。

④ 画顺前、后袖窿弧线。

⑤ 侧缝在臀围线上收2cm，重新画顺侧缝线。

⑥ 衣长加长20cm，画顺底边线。

⑦ 设计门襟宽为5cm，画顺领口线与搭门线。

⑧ 确定扣位，在胸围线向上4cm处确定第一粒扣，间距为11cm。

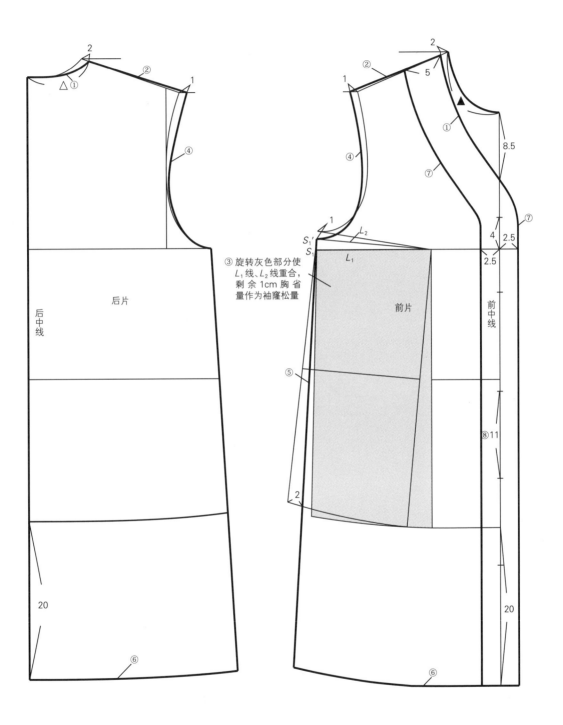

③旋转灰色部分使
L_1线、L_2线重合，
剩余1cm胸省
量作为袖窿松量

后片

后中线

前片

前中线

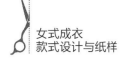

款式30插肩袖制图

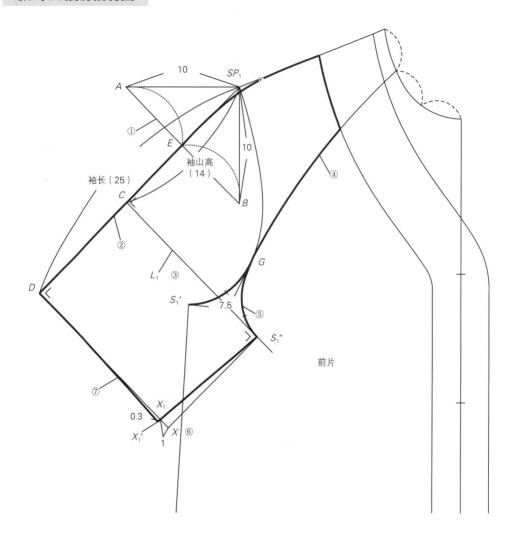

前片袖制图：

① 从前衣片肩点SP_1作水平线SP_1A，作垂直线SP_1B，连接A点和B点。

    SP_1A=10cm

    SP_1B=10cm

② 连接SP_1点与AB的中点E并延长，在其上取袖长SP_1D，SP_1D=25cm。

③ 在袖中线上取袖山高SP_1C，并画垂线L_1。

    SP_1C=14cm

④ 从前领口的1/3位置画前插肩线，切于G点。

    GS_1'=7.5cm

⑤ 从G点至L_1线画弧线，使GS_1' = GS_1''，弧度相似，方向相反，由此确定前袖肥。

⑥ 从D点画SP_1D的垂线，从S_1''点画L_1线的垂线，两线交于X点。

⑦ 袖口收进1cm，得到X_1点，连接S_1''点和X_1点并延长0.3cm，得到X_1'点，用圆顺的曲线连接DX_1'。

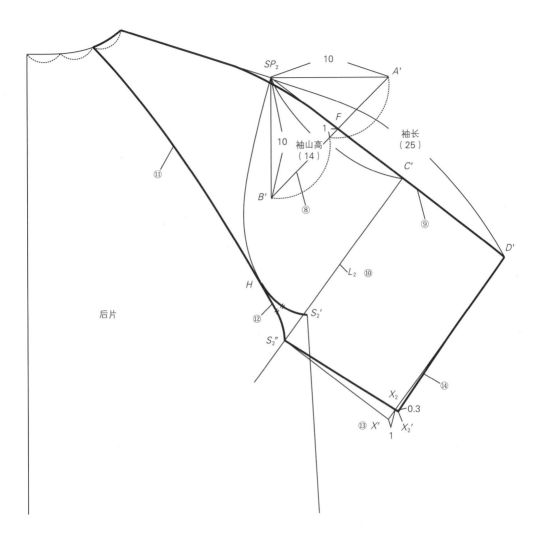

后片袖制图：

⑧ 从后衣片肩点SP_2作水平线SP_2A'，作垂直线SP_2B'，连接A'点和B'点。

　　$SP_2A' = 10cm$

　　$SP_2B' = 10cm$

⑨ $A'B'$线的中点向上1cm为F点，连接SP_2点与F点并延长，在其上取袖长SP_2D'。

　　$SP_2D' = 25cm$

⑩ 在袖中线SP_2D'上取袖山高SP_2C'，并画垂线L_2。

　　$SP_2C' = 14cm$

⑪ 从后领口的1/3位置画后插肩线，切于H点。

　　$HS_2' = 4.9cm$

⑫ 从H点至L_2线画弧线，使$HS_2' = HS_2''$，弧度相似，方向相反，由此确定后袖肥。

⑬ 从D'点画SP_2D'的垂线，从S_2''点画L_2线的垂线，两线交于X'点。

⑭ 袖口收进1cm，得到X_2点。连接$S_2''X_2$并延长0.3cm，得到X_2'点，用圆顺的曲线连接D'点和X_2'点。

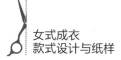
款式31

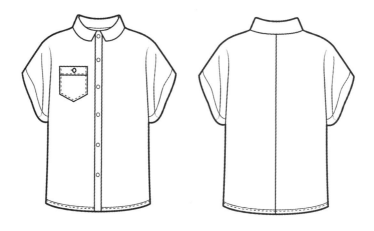

款式31衣身制图

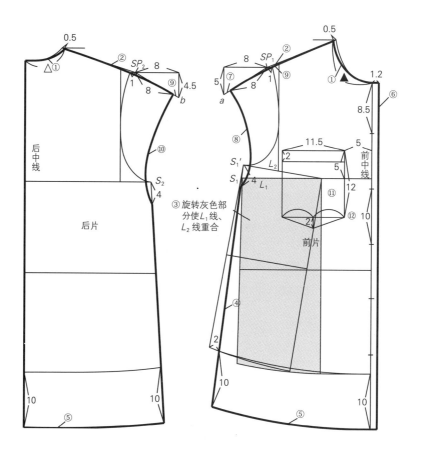

① 前、后片横开领增加0.5cm，画顺前、后领口弧线。

② 肩宽增加1cm，重新画出前、后片肩斜线。

③ 旋转灰色部分，使L_1线、L_2线重合，S_1点和S_1'点重合，胸省量全部转移至下摆位置。

④ 侧缝在臀围线上收2cm，重新画顺侧缝线。

⑤ 前、后衣长加长10cm，画顺底边线。

⑥ 搭门宽1.2cm，画出门襟止口线。

⑦ 过SP_1点作水平线8cm，再垂直下落5cm，得到a点。连接SP_1点与a点，得到前袖中线。

⑧ 取前袖长8cm，S_1点向下4cm，画顺前袖窿弧线。

⑨ 过SP_2点作水平线8cm，再垂直下落4.5cm，得到b点。连接SP_2点与b点，得到后袖中线。

⑩ 取后袖长8cm，S_2点向下4cm，画顺后袖窿弧线。

⑪ 确定口袋位置并绘制口袋。口袋位于胸围线上5cm，距前中线5cm。口袋宽11.5cm，口袋深12cm。

⑫ 确定扣位。前颈点向下8.5cm确定第一粒扣，其他扣间距为10cm。

款式31领子制图

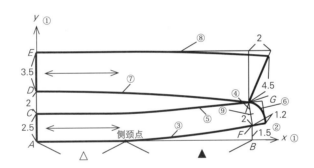

制图前的准备工作：量取前、后领口弧线的尺寸。

单位：cm

前领口	11.6
后领口	8.1
翻领宽	3.2
底领宽	2

① 从A点画水平线x和垂直线y。

　　A至侧颈点为后领口尺寸△=8.1cm

　　侧颈点至B为前领口尺寸▲=11.6cm

　　AC=底领宽=2cm，CD=2.5cm，DE=翻领宽=3.2cm

② 作AB的垂直线BF=1.5cm。

③ 画弧线连接A点和F点，切于侧颈点，完成底领下口线。

④ 作侧颈点至F的垂线，并向里0.3cm为G点。FG=1.5cm。

⑤ 弧线连接C点和G点，作为底领上口线。

⑥ 作FG的平行线，间距1.2cm，作为搭门量。搭门领台修成圆角。

⑦ 画顺翻领下口弧线DG。

⑧ 翻领宽3.2cm，领角造型依据款式图画圆顺。

⑨ 确定底领的扣位。

｜韩式衬衫系列

款式32

款式33

● 结构分析

◎ 此系列的两个款式整体造型为H型，选用直身衬衫基本纸样进行结构设计。

◎ 此系列的重点为褶裥的结构设计及袖造型的变化。

◎ 褶裥在女装设计中应用广泛，其基本原理都是通过增加展开量获得褶裥量。款式32把省量转至下摆，使整体造型呈H型，袖子为花瓣造型。款式33为风琴褶裥，在确定褶裥的褶裥量时每个褶裥量相等并缉缝固定上部，下部则自然展开，整个褶裥呈现出有规律的造型特点；袖子为小喇叭袖，在袖肘位置稍收紧，袖口处打开，呈喇叭造型。

● 制图要点

　　◎ 缩褶的结构设计。

　　◎ 风琴褶裥的结构设计。

　　◎ 花瓣袖的结构设计。

　　◎ 喇叭袖的结构设计。

● 规格尺寸

单位：cm

款式 ＼ 部位	胸围	腰围	臀围	肩宽	袖长	衣长
款式32	96	101	109	41	37	76
款式33	96	101	109	41	48	72

款式32

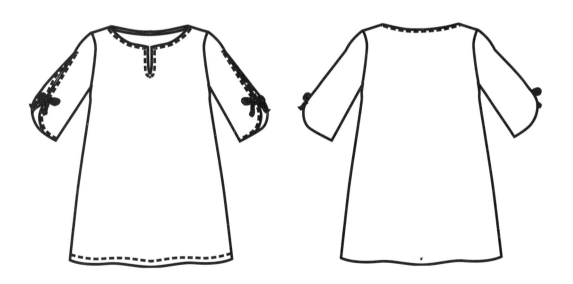

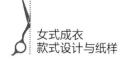

款式32衣身制图

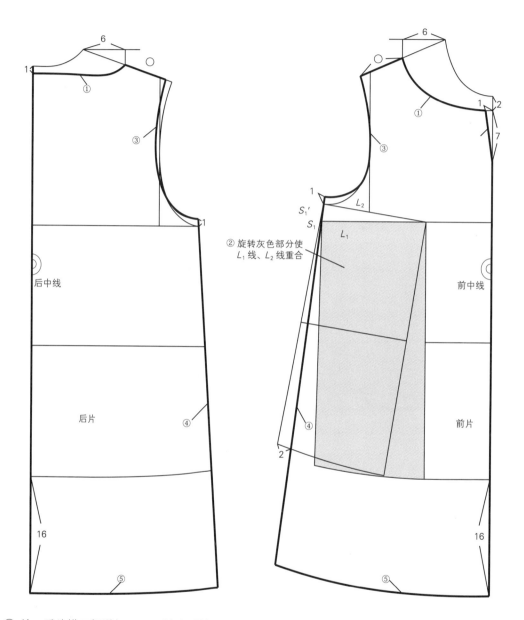

① 前、后片横开领增加6cm，后领深增加1cm，画顺后领口弧线；前领深增加2cm，前领口按款式绘制造型线。

② 旋转灰色部分，使L_2线、L_1线重合，S_1'点和S_1点重合，胸省量转移至下摆位置。

③ 使后肩斜线等于前肩斜线，确定后肩点。前、后腋下点上抬1cm，画顺前、后袖窿弧线。

④ 侧缝在臀围线上收2cm，重新画顺侧缝线。

⑤ 前、后片衣长加长16cm，画顺底边线。

款式32袖子制图

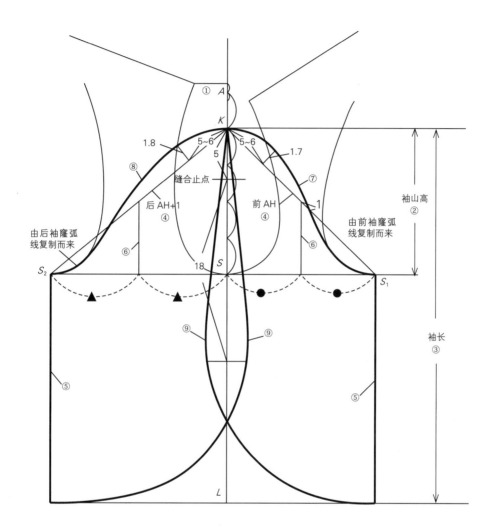

制图前的准备工作：

1. 量取前、后袖窿弧线的尺寸。

2. 复制前、后衣片的袖窿弧线。

① 取平均肩高点A。

② 确定袖山高。袖山高为4/5AS。

③ 确定袖长KL=37cm。

④ 绘制前、后袖山斜线。

　前袖山斜线为前AH

　后袖山斜线为后AH+1

⑤ 绘制前、后袖底缝线。

⑥ 绘制前、后袖肥的等分线。

⑦ 绘制前袖山弧线。

⑧ 绘制后袖山弧线。

⑨ K点向下5cm为缝合止点，按款式图绘制袖中分割线。

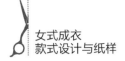
款式33

款式33衣身制图

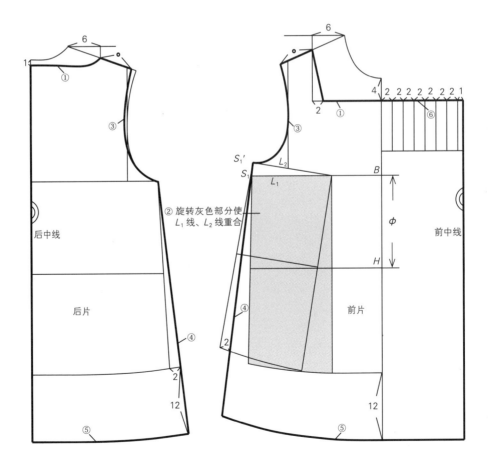

后中线

后片

② 旋转灰色部分使
L_1 线、L_2 线重合

前中线

前片

① 前、后片横开领增加6cm，前领深增加4cm，后领深增加1cm，画顺前、后领口造型线。

② 旋转灰色部分，使L_1线、L_2线重合，S_1点和S_1'点重合，胸省量转移至下摆位置。

③ 使后肩斜线等于前肩斜线，确定后肩点，画顺后袖窿弧线。

④ 前片侧缝在臀围线上收2cm，后片侧缝在臀围线上增加2cm的下摆量。

⑤ 衣长加长12cm，画顺底边线。

⑥ 前中位置增加15cm的褶裥量。

款式33袖子制图

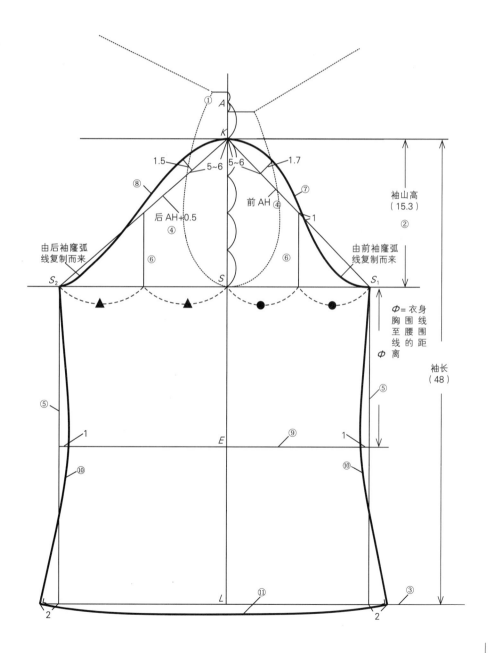

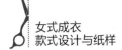
制图前的准备工作：

　1. 量取前、后袖窿弧线的尺寸。

　2. 复制前、后衣片的袖窿弧线。

① 取平均肩高点A。

② 确定袖山高。袖山高为4/5AS=15.3cm。

③ 确定袖长KL=48cm。

④ 绘制前、后袖山斜线。

　前袖山斜线为前AH

　后袖山斜线为后AH+0.5

⑤ 绘制前、后袖底缝辅助线。

⑥ 绘制前、后袖肥的等分线。

⑦ 绘制前袖山弧线。

⑧ 绘制后袖山弧线。

⑨ 确定袖肘线。

　袖肘线的确定方法：

　SE=衣身胸围线至腰围线的距离

⑩ 前、后袖肘线上各收1cm，袖口处各放出2cm，绘制前、后袖底缝线。

⑪ 修正袖口弧线，使之成直角。

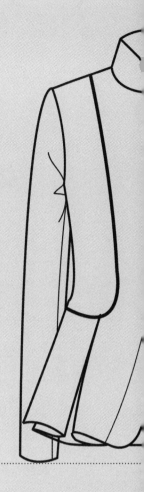

第五章

女西装的结构
设计与纸样

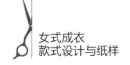

第一节
女西装基本纸样的结构设计

女西装基本纸样是在上装基本纸样的基础上增加放松量制作而成的。在此过程中，对放松量的控制与分配十分关键。

单位：cm

部位 种类	衣长	胸围	腰围	臀围	肩宽	前腰长	后腰长	臀高	背宽	胸宽	乳间距
上装	60	94	78	98	39	41.5	40.5	18.5	18	17	18
放松量	5	4	4	4	1.5	0.3	0.4	—	0.8	0.6	0.4
西装	65	98	82	102	40.5	41.8	40.9	18.5	18.8	17.6	18.4

胸宽： 胸宽的放松量分为两部分，前中线上的移动量0.2cm和胸高点位置的打开量0.4cm。

袖窿宽： 袖窿宽的放松量分配在前片侧缝线和后片侧缝线上各0.3cm。

背宽： 背宽的放松量分为两部分，后中线上的移动量0.2cm和肩胛骨*M*点位置的打开量0.6cm。

前腰长： 前腰长的放松量在前片胸高点位置打开0.3cm。

后腰长： 后腰长的放松量在肩胛骨*M*点位置打开0.4cm。

后领深、前领深： 后领深在后中线处增加0.3cm放松量，前领深在前中线处增加0.5cm放松量。

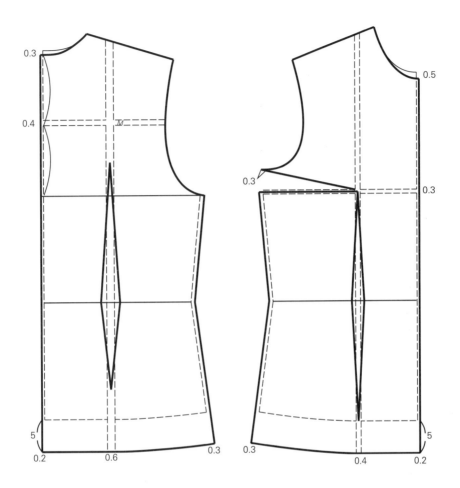

袖眼睛制图法

● 袖山高的确定

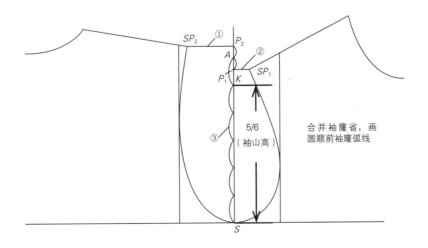

合并袖窿省，画
圆顺前袖窿弧线

5/6
（袖山高）

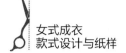
制图前的准备：合并袖窿省，将前、后片的侧缝线对合在一起，把胸围线水平放置，从S点引垂直线作为袖中线。

① 从SP_2点引水平线与袖中线相交于P_2。

② 从SP_1点引水平线与袖中线相交于P_1。

③ 把P_1P_2线的中点A至S的距离等分为6份，取5/6份作为袖山高。

- ● 设定袖眼睛的辅助线

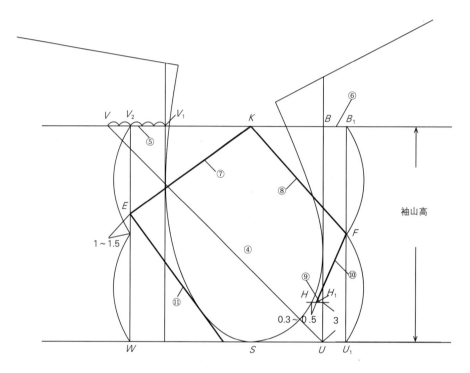

④ 确定袖山的对角线UV。

　　UV=（前AH+后AH）/2+（0.2~0.7）

⑤ 取后袖的厚度V_2V_1。V_2V_1=3/5 VV_1

⑥ 取前袖的厚度BB_1。BB_1=2/5VV_1

⑦ 确定E点位置，连接E点和K点。

　　E为V_2W的中点向上移1~1.5cm。

⑧ 确定F点位置，连接K点和F点。F为B_1U_1的中点。

⑨ 从U点向上3cm作水平线，与袖窿线的交点为H。

⑩ 从H点向右0.3~0.5cm，为H_1点，直线连接H_1点和F点。

⑪ 从E点向后袖窿弧线引切线。

● 设定袖眼睛的轮廓线

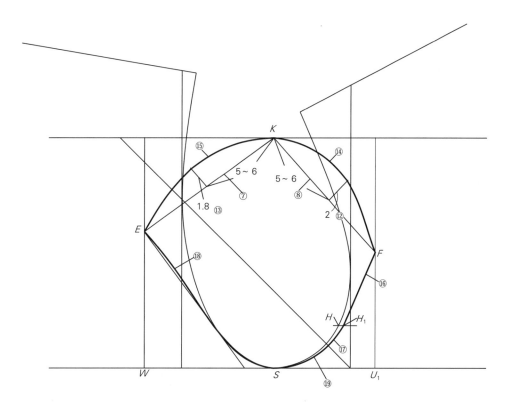

⑫ 从K点沿KF线向下5~6cm，作KF的垂线，长2cm。

⑬ 从K点沿KE线向下5~6cm，作KE的垂线，长1.8cm。

⑭ 用圆顺的曲线连接K点和F点。

⑮ 用圆顺的曲线连接K点和E点。

⑯ 用直线连接F点和H_1点。

⑰ 用弧线连接H_1点和S点。

⑱ E点至切线中点上方，用稍内凹的曲线绘制。

⑲ H_1S至切线中点下方，用圆顺的曲线连接。

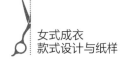

第二节
两面构成
女西装

款式34

款式35

● 结构分析

◎ 两面构成，指从前中线到后中线由两片衣片构成。由于可以收省的位置少，整体造型不如三面构成和四面构成合体，是一种比较概括的结构形式。其造型特点是简洁、随意、夸张，常用于一些宽松和休闲类的服装。

◎ 款式34整体造型为H型，采用女西装基本纸样进行结构设计。前胸省通过撇胸和转至下摆分散掉，衣身无省道。肩部合体，为配合衣身，袖子采用一片式装袖结构，九分长。

◎ 款式35整体造型为H型，采用女西装基本纸样进行结构设计。圆领造型，窄肩设计，需要适当缩小肩宽，袖子较合体，采用两片式装袖结构，七分长。在衣身结构的处理中，把前片胸省转至领口，下摆适当打开，四个贴袋作为装饰。

● 制图要点

◎ 撇胸的结构设计。

◎ 通过袖眼睛制图法绘制一片袖的纸样。

◎ 胸省转领省的方法。

● 规格尺寸

单位：cm

款式\部位	衣长	胸围	腰围	肩宽	袖长	袖口围
款式34	49	98	95	40.5	50	28
款式35	46	98	—	37.5	43	28

款式34

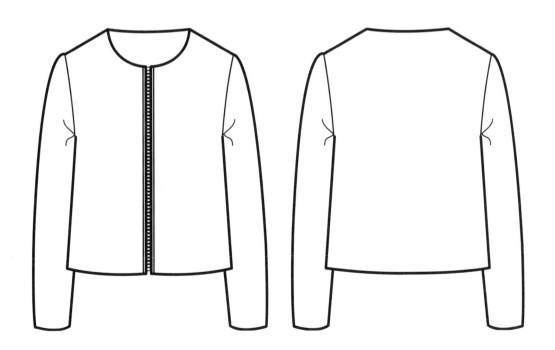

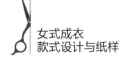

款式34衣身制图

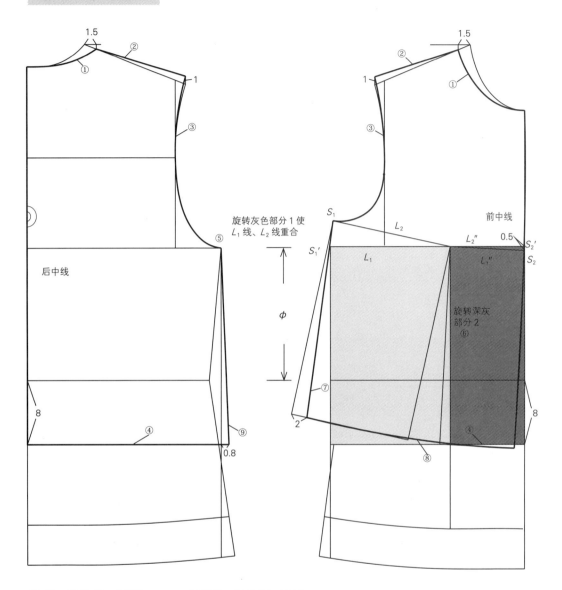

① 前、后片领口宽增加1.5cm，画顺前、后片领口弧线。

② 肩端点纵向抬高1cm（增加垫肩量），画前、后肩斜线。

③ 修顺前、后片袖窿弧线。

④ 前、后片腰围线向下8cm设定衣长线。

⑤ 向上旋转前片灰色部分1，使L_1线、L_2线重合，S_1'点、S_1点重合，把省道转移至下摆。

⑥ 向下旋转前片深灰部分2，使L_2'线、L_1'线重合，S_2'点、S_2点重合，在前中胸围线处打开0.5cm。

⑦ 在前片下摆处收掉2cm，重新确定前片侧缝线。

⑧ 圆顺前片底边线。

⑨ 后片下摆向外增加0.8cm，重新画后片侧缝线。

款式34袖子制图

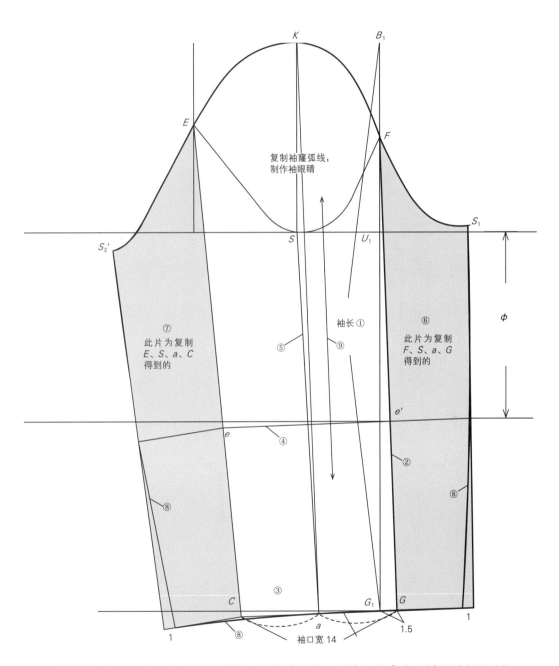

制图前的准备工作：复制袖窿弧线，制作袖眼睛，制作方法参考"袖眼睛制图法"。

① 确定袖长B_1G_1=50cm。

② 从G_1点向右确定袖子的前倾量G_1G=1.5cm。连接F点和G点，作为倾斜的基准线。

③ 确定袖口线GC。GC垂直于FG，连接C点和E点。GC=14cm。

④ 确定袖肘线 U_1e' 等于衣身上胸围线至腰围线的距离。从e'点作新基准线FG的垂线$e'e$。

⑤ a为袖口宽中点，连接S点和a点。

⑥ 以FG为对称轴，复制翻转F、S、a、G，复制到右侧。

⑦ 以EC为对称轴，复制翻转E、S、a、C，复制到左侧。

⑧ 袖口左侧和右侧各收1cm，重新画顺袖底缝线和袖口线。

⑨ 确定纱向线。纱向线与Ka的连线平行。

款式35

款式35衣身制图

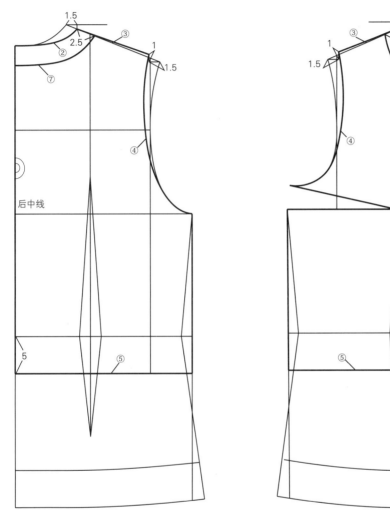

① 前片领口宽增加1.5cm，领口深增加1cm，重新画顺前片领口弧线。

② 后片领口宽增加1.5cm，重新画顺后片领口弧线。

③ 前、后片肩端点纵向抬高1cm（增加垫肩量），横向缩进1.5cm，画前、后肩斜线。

④ 修顺前、后片袖窿弧线。

⑤ 前、后片腰围线向下5cm设定衣长线。

⑥ 确定前片门襟宽5cm，扣间距为10cm。

⑦ 与领口弧线间距2.5cm作领口弧线的平行线，确定前、后领口拼接弧线。

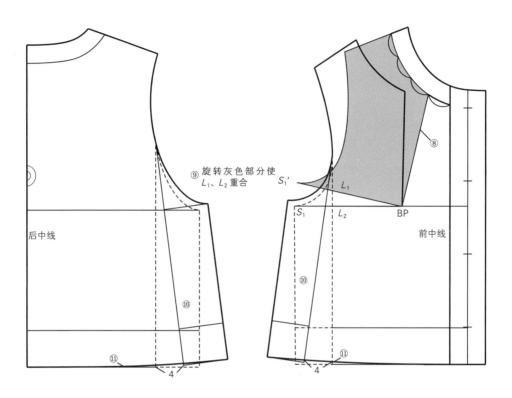

⑨ 旋转灰色部分使
L_1、L_2重合

后中线

前中线

S_1' S_1 L_2 L_1 BP

⑧ ⑩ ⑪ 4

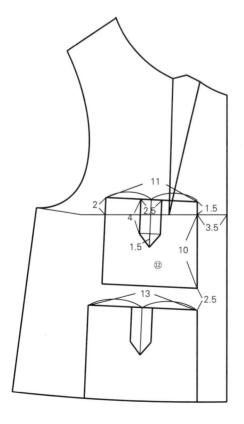

11
2
4 2.5
1.5
1.5 10
⑫
3.5
13 2.5

⑧ 将前领口弧线4等分，从1/4位置与BP点连接，作为领省的位置。

⑨ 旋转前片灰色部分，使L_1线、L_2线重合，S_1'点、S_1点重合，把省道转移至领口处。

⑩ 从前腋点作垂线，旋转虚线部分，展开前片下摆4cm。从后腋点作垂线，旋转虚线部分，展开后片下摆4cm。

⑪ 使前、后片侧缝等长，修顺底边线。

⑫ 确定两个口袋、袋襻的位置及大小。

款式35袖制图

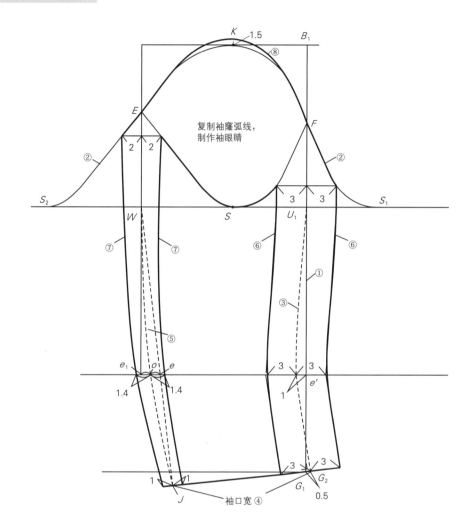

制图前的准备工作：复制袖窿弧线，制作袖眼睛，制作方法参考"袖眼睛制图法"。

① 确定袖长B_1G_1=43cm。

② 以FU_1为对称轴，翻转FS，复制到右侧，得到S_1。以EW为对称轴，翻转ES，复制到左侧，得到S_2。

③ 确定袖的前倾量。在袖肘线上从e'点向左取1cm，在袖口线上从G_1点向右取0.5cm为G_2点，用虚线连接，作为前偏袖标准线。U_1e'等于衣身上胸围线至腰围线的距离。

④ 定袖口宽G_2J。G_2J=14cm。

⑤ 确定后偏袖标准线。连接W点和J点，与袖肘线交于e点，o点为ee_1的中点，连接WoJ，作为后偏袖标准线。

⑥ 前袖的借袖量为3cm，分别画前偏袖标准线的平行线，并画顺至袖山头弧线。

⑦ 后袖的借袖量为2cm，在袖肘线上为1.4cm，在袖口线上为1cm，画顺大、小袖的后偏袖线。

⑧ 袖山高加高1.5cm，圆顺袖山弧线。

第三节

三面构成
女西装

款式36

款式37

结构分析

◎ 三面构成，指从前中线到后中线由三片衣片构成，又称三开身结构。侧缝线向后移，在背宽线和胁省线之间构成独立的"腋面"，从而为处理服装从正面向侧面转折提供了便利。在三开身服装的平面图中，胁省的形状和侧缝线的形状，恰到好处地体现出人体正面与侧面、背面与侧面的横向转折或纵向的起伏变化。运用撇胸线、腰省、胁省、侧缝线、背缝线等造型要素，从多方位进行造型处理。用三开身结构设计的服装造型严谨，线条流畅，适体性强。三开身结构是多年以来流行不衰的结构形式。

◎ 款式36整体造型为H型，采用女西装基本纸样进行结构设计。领部造型为西装领，紧抱颈部，袖子较宽松，采用两片式圆装袖。衣身的结构处理方法为把一部分胸省放在袖窿作为松量，一部分转到领口，剩下一部分转入袋口处。左胸有一个装饰性手巾袋。

◎ 款式37整体造型较合体，采用女西装基本纸样进行结构设计。领部造型为西装领，驳头止点较高，衣身的处理方法和款式36相同，采用双嵌线式带盖口袋。

● 制图要点

◎ 西装领的纸样设计方法。

◎ 胸省的分配方法。

● 规格尺寸

单位：cm

部位 款式	衣长	胸围	腰围	臀围	肩宽	袖长	袖口围
款式36	51	98	91	—	40.5	58	29
款式37	70	94	84	105	40.5	56	29

款式36

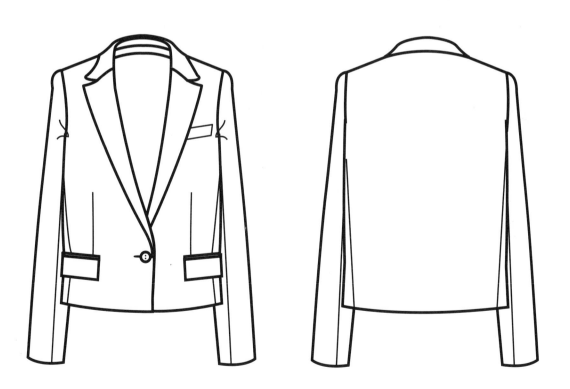

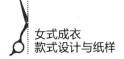
款式36基本纸样省道处理

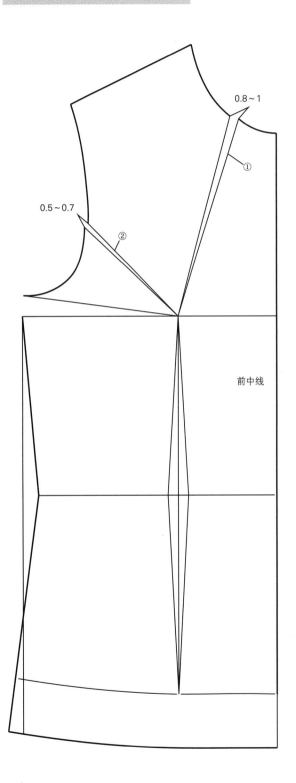

0.8～1

①

0.5～0.7

②

前中线

① 将女西装基本纸样的一部分胸省
转移至前领口处，作为驳头部分
的松量，省量0.8～1cm。

② 将女西装基本纸样的一部分胸省
转移至前袖窿处，作为袖窿的松
量，省量0.5～0.7cm。

款式36衣身制图

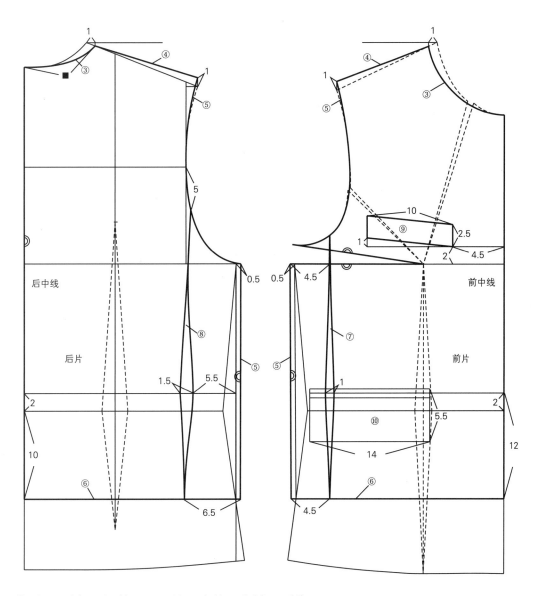

③ 前、后片领口宽增加1cm，重新画顺前、后片领口弧线。

④ 前、后片肩端点纵向抬高1cm（增加垫肩量），画前、后肩斜线。

⑤ 前、后片胸围加大0.5cm，修顺前、后片袖窿弧线。

⑥ 前、后片腰线向上抬高2cm为新腰围线，从新腰围线向下12cm设定衣长线。

⑦ 在新腰围线上前宽附近设定分割线，收1cm腰省量。

⑧ 在新腰围线上后宽附近设定分割线，收1.5cm腰省量。

⑨ 设定手巾袋的位置和大小。长10cm，宽2.5cm。

⑩ 设定下口袋的位置和大小。长14cm，宽5.5cm。

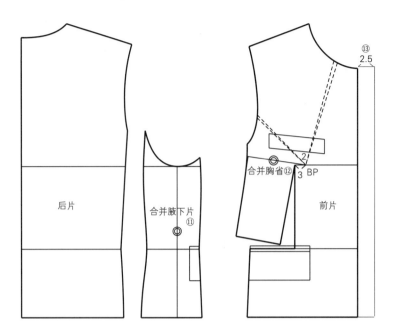

⑪ 合并腋下片。

⑫ 从BP点向侧缝方向取2cm确定腰省的位置，合并胸省，转移至腰部。省道缩短 3 cm。

⑬ 搭门宽2.5cm，画止口线。

款式36领子制图

单位：cm

翻领	5
领座	3
侧领座	2.4
前领口	12.7
后领口	8.8

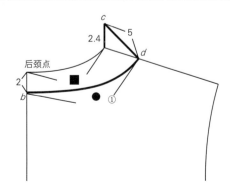

① 由后颈点向下量2cm为b点，由侧颈点垂直向上量取侧领座2.4cm（0.8×领座）为c点，从c点斜量翻领宽5cm交于肩线为d点，弧线连接b点和d点为领外口线。量取后领口尺寸■和后翻领外口尺寸●。

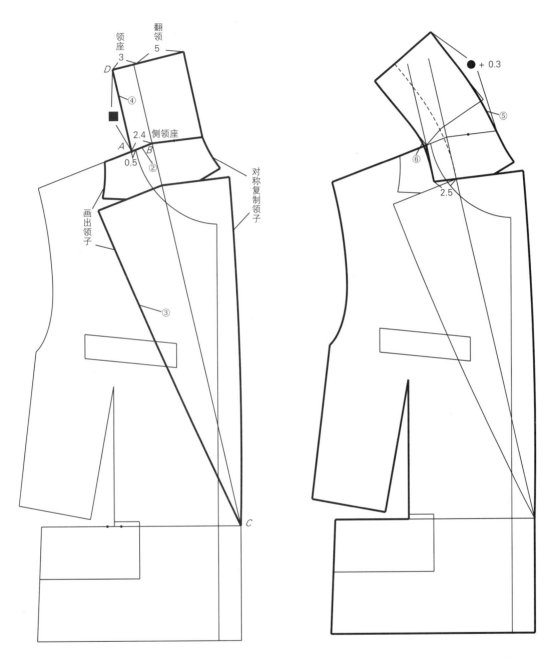

② 肩线上距侧颈点0.5cm处为A点。从A点在肩线延长线上取侧领座2.4cm，定为B点。连接B点和C点为驳口翻折线。

③ 在前衣身上根据款式图画领型，并以驳口翻折线为对称轴，对称复制到另一侧。

④ 过A点画与驳口翻折线平行的线，并在上面量取后领口尺寸■定为D点，过D点画垂直线，取领座宽3cm和翻领宽5cm并与前翻领连接。

⑤ 以A点为基点旋转后领，使领外口线达到所要求的后翻领外口尺寸●+0.3cm。

⑥ 画顺领座下口弧线和翻领外口弧线。

款式36袖子制图

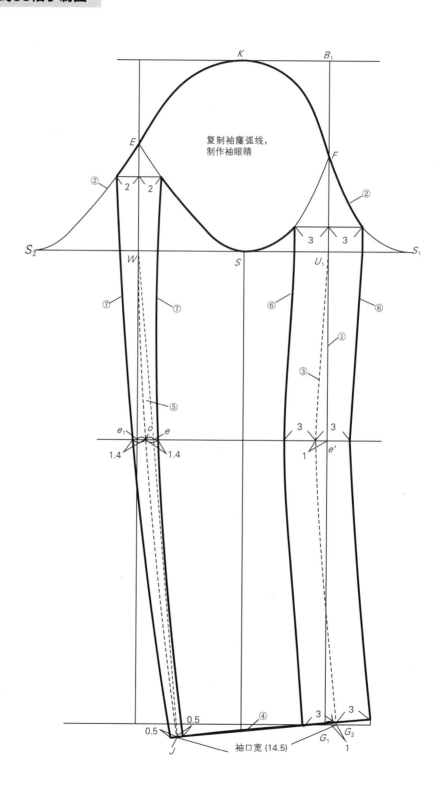

复制袖窿弧线，
制作袖眼睛

袖口宽 (14.5)

制图前的准备工作：复制袖窿弧线，制作袖眼睛，制作方法参考"袖眼睛制图法"。

① 确定袖长B_1G_1为58cm。

② 以FU_1为对称轴，翻转FS，复制到右侧，得到S_1。以EW为对称轴，翻转ES，复制到左侧，得到S_2。

③ 确定袖的前倾量。在袖肘线上从e'点向左取1cm，在袖口线上从G_1点向右取1cm为G_2点，用虚线连接，作为前偏袖标准线。

U_1至e'等于衣身上胸围线至腰围线的距离。

④ 确定袖口宽G_2J。G_2J为14.5cm。

⑤ 确定后偏袖标准线。连接W点和J点，与袖肘线交于e点，o点为ee_1的中点，连接W点、o点和J点，作为后偏袖标准线。

⑥ 前袖的借袖量为3cm，分别画前偏袖标准线的平行线，并画顺至袖山头弧线。

⑦ 后袖的借袖量为2cm，在袖肘线上为1.4cm，在袖口线上为0.5cm，画顺大、小袖的后偏袖线。

款式37

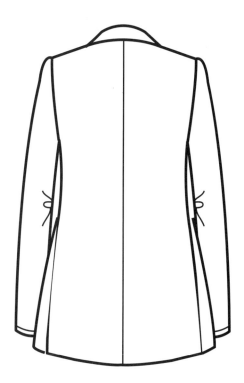

款式37基本纸样省道处理

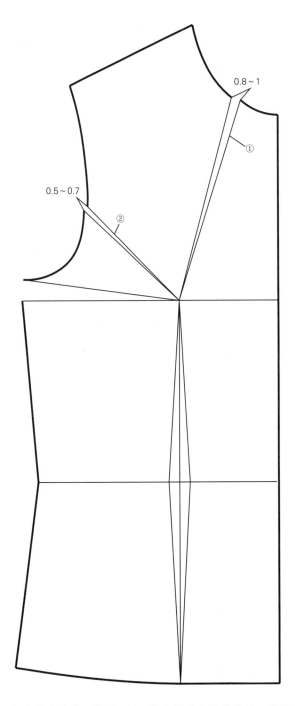

① 将女装基本纸样的一部分胸省转移至前领口处，作为驳头部分的松量，省量为0.8～1cm。

② 将女装基本纸样的一部分胸省转移至前袖窿处，作为袖窿的松量，省量为0.5～0.7cm。

款式37衣身制图

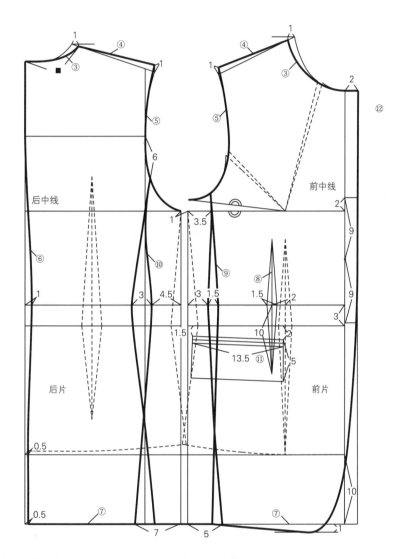

③ 前、后片领口宽增加1cm，重新画顺前、后片领口弧线。

④ 前、后片肩端点纵向抬高1cm（增加垫肩量），画前、后肩斜线。

⑤ 画顺前、后片袖窿弧线。

⑥ 前、后片腰节线向上抬高3cm为新腰围线，后中线收腰省1cm，臀围线处收0.5cm，画顺后中线。

⑦ 衣长加长10cm。

⑧ 前腰省向侧缝方向移2cm，省量为1.5cm。

⑨ 在胸宽附近设定分割线，并收1.5cm省量。

⑩ 在背宽附近设定分割线，并收3cm省量。

⑪ 设定口袋位置和大小。口袋长为13.5cm，宽为5cm。

⑫ 取2cm搭门量，依据款式图画出前止口线和底边线。确定扣位，间距为9cm。

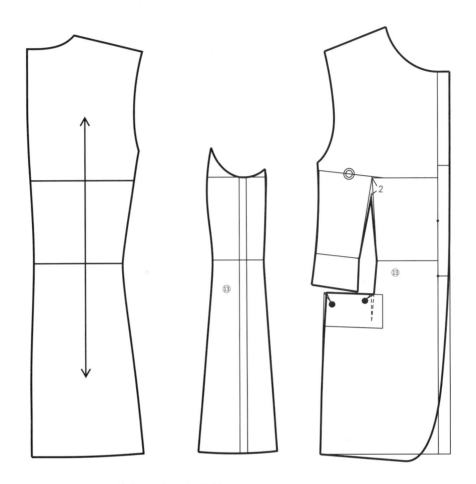

⑬ 修顺腋下片。合并胸省转移至腰部，省道减短2cm。

款式37领子制图

翻领	4
领座	3
侧领座	2.4
前领口	12.2
后领口	8.6

① 由后颈点向下量取1cm为b点，由侧颈点垂直向上量取侧领座2.4cm（0.8×领座）为c点，从c点斜量翻领宽4cm交于肩斜线为d点，弧线连接b点和d点为领外口线。量取后领口尺寸■和后翻领外口尺寸●。

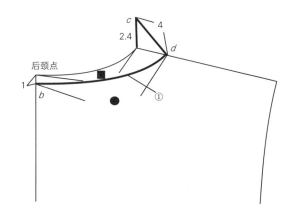

② 肩线上距侧颈点0.5cm为A点。从A点在肩线延长线上取侧领座尺寸2.4cm，定为B点。连接B点和C点为驳口翻折线。

③ 在前衣身上根据款式图画领型，并以驳口翻折线为对称轴，对称复制到另一侧。

④ 过A点画与驳口翻折线平行的线，并在上面量取后领口尺寸■定为D点，过D点画垂直线，取领座宽3cm和翻领宽4cm，并与前翻领连接。

⑤ 以A点为基点旋转后领，使领外口线达到所要求的后翻领外口尺寸●+0.3cm。

⑥ 画顺领座下口弧线和翻领外口弧线。

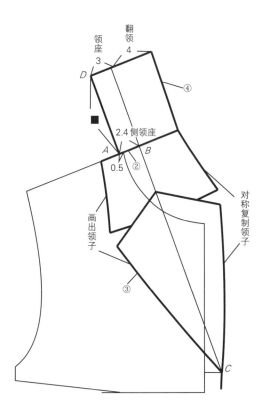

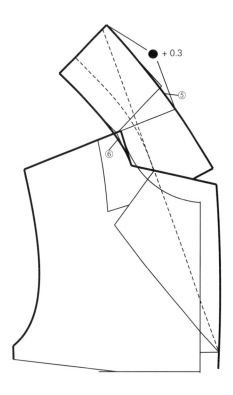

款式37袖子制图

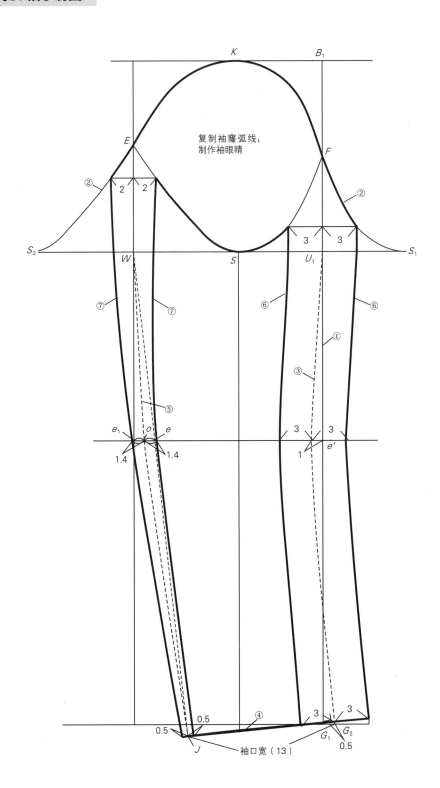

制图前的准备工作：复制袖窿弧线，制作袖眼睛，制作方法参考"袖眼睛制图法"。

① 确定袖长B_1G_1为56cm。

② 以FU_1为对称轴，翻转FS，复制到右侧，得到S_1。以EW为对称轴，翻转ES，复制到左侧，得到S_2。

③ 确定袖的前倾量。在袖肘线上从e'点向左取1cm，在袖口线上从G_1点向右取1cm为G_2点，用虚线连接，作为前偏袖标准线。

   U_1至e'等于衣身上胸围线至腰围线的距离。

④ 确定袖口宽G_2J。G_2J为13cm。

⑤ 确定后偏袖标准线。连接W点和J点，与袖肘线交于e点，o点为ee_1的中点，连接W点、o点和J点，作为后偏袖标准线。

⑥ 前袖的借袖量为3cm，分别画前偏袖标准线的平行线，并画顺至袖山头弧线。

⑦ 后袖的借袖量为2cm，在袖肘线上为1.4cm，在袖口线上为0.5cm，画顺大、小袖的后偏袖线。

第四节
四面构成女西装

款式38

款式39

款式40

款式41

● 结构分析

◎ 四面构成的服装由侧缝线和前、后刀背缝或公主线等纵向分割线组成，指从前中线到后中线由四片衣片构成。侧缝线和前、后片的纵向分割线把腰部分成基本均匀的四部分，形成较好的收腰效果。

◎ 款式38整体造型较贴合人体，采用女西装基本纸样进行结构设计。领部造型为大V型领设计，衣身结构采用刀背缝分割，肩部合体，袖型较合体，采用一片袖结构。

◎ 款式39整体造型较贴合人体，采用女西装基本纸样进行结构设计。领部造型为翻领，衣身结构采用刀背缝设计加一个辅助省，肩部合体，袖型较合体，七分袖，采用一片袖结构。

◎ 款式40整体松量比款式38、款式39略大，采用女西装基本纸样进行结构设计。领部造型为彼得潘领，腰部有断缝，衣身采用公主线分割，下摆展开。袖型较合体，采用两片袖结构。

◎ 款式41整体造型贴合人体，采用女西装基本纸样进行结构设计。领部造型为立领，斜门襟。衣身采用公主线分割，下摆两侧各加入一个对合褶，收腰，下摆展开，使整体造型呈X型。袖型较合体，采用两片袖结构。

● 制图要点

　◎ 公主线的设计。

　◎ 刀背缝的设计。

　◎ 翻领的纸样设计方法。

　◎ 纱向线转移的纸样设计方法。

　◎ AH制图法制作袖子纸样。

● 规格尺寸

单位：cm

部位 款式	衣长	胸围	腰围	臀围	肩宽	袖长	袖口围
款式38	60	94	78	98	40	58	25
款式39	55	94	82	—	41	45	27
款式40	65	98	80	116	40.5	58	26
款式41	62.5	94	80	109.5	40	58	26

款式38

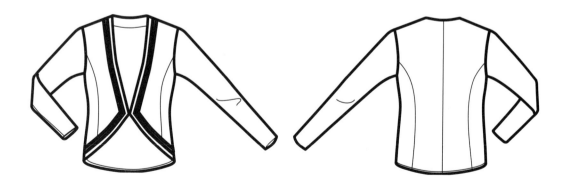

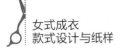
款式38衣身制图

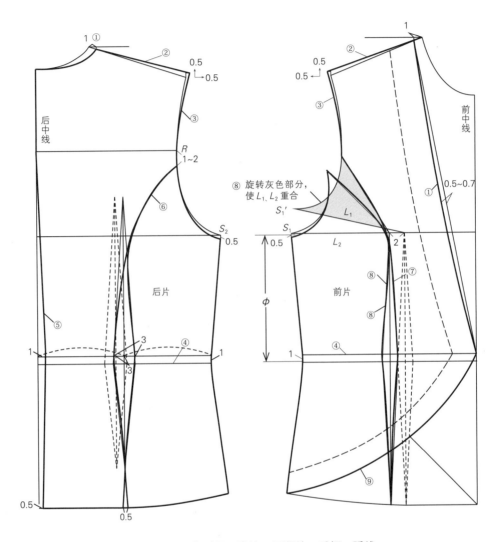

① 前、后领口宽增加1cm，前领口深下降到腰围线处，画顺前、后领口弧线。

② 前、后肩端点纵向抬高0.5cm，横向加宽0.5cm（增加垫肩量），画前、后肩斜线。

③ 袖窿深加大0.5cm，作为袖窿部位的活动量，画顺前、后片袖窿弧线。

④ 前、后腰节线抬高1cm。

⑤ 后中线收腰省1cm，臀围线处收0.5cm。

⑥ 绘制后刀背缝。后片省道位置向侧缝方向，移腰省量3cm，从R点沿袖窿弧线向下1～2cm处作为刀背缝的起点，用圆顺的曲线连接后腰省并顺势延长至臀围线。

⑦ 前腰省从BP点向侧缝方向移2cm，用圆顺的曲线绘制前刀背缝。

⑧ 旋转灰色部分，使L_1线、L_2线重合，S_1'点和S_1点重合，把省道转移至前刀背缝位置，用圆顺的曲线连接前片袖窿省和腰省。

⑨ 圆顺前片底边线。

款式38袖子制图

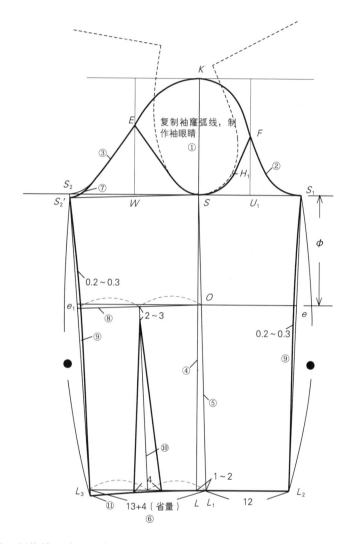

① 复制袖窿弧线，制作袖眼睛，制作方法参考"袖眼睛制图法"。

② 以FU_1为对称轴，翻转F、H_1、S，复制到右侧。

③ 以EW为对称轴，翻转ES，复制到左侧。

④ 从S点向下延长袖中线，取袖长KL=58cm。

⑤ 确定袖子的前倾量LL_1=1～2cm，连接S点和L_1点，作为袖子的新基准线。

⑥ 确定袖口大小，L_1L_2=12cm，L_1L_3=13+4（省量）=17（cm）。

⑦ 从S点作新基准线的垂线$SS_2{}'$，调整后袖山弧线。

⑧ 确定袖肘线，S_1至e等于基本纸样上胸围线至腰围线的距离。从O点作新基准线的垂线Oe_1。

⑨ 绘制袖底缝线，略向内凹0.2～0.3cm，调整袖底缝线长度，延长$S_2{}'L_3$，使之和S_1L_2等长。

⑩ 绘制袖肘省。

⑪ 圆顺袖口弧线。

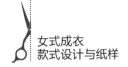

款式38完成图

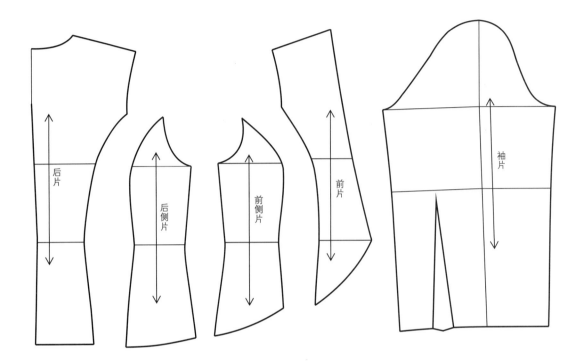

款式39

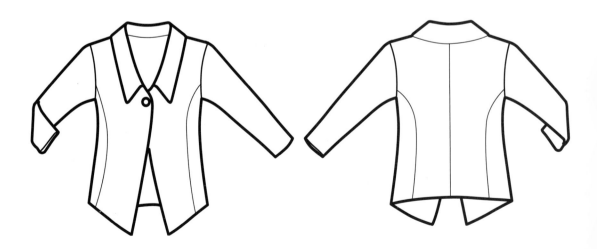

款式39衣身制图

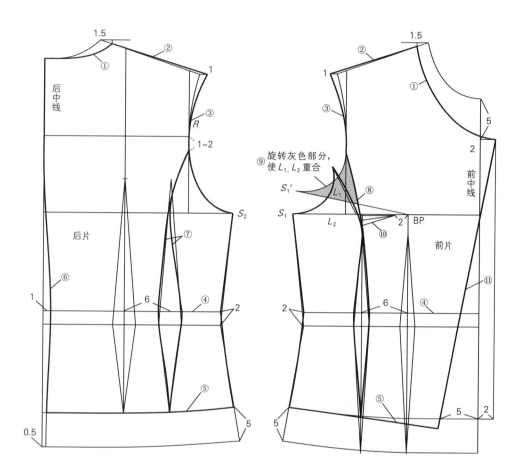

① 前、后领口宽各增加1.5cm，前领口深增加5cm，画顺前、后领口弧线。

② 肩端点横向加宽1cm，画前、后肩斜线。

③ 画顺前、后片袖窿弧线。

④ 腰节线抬高2cm。

⑤ 臀围线向上5cm，确定衣长。

⑥ 后中线收腰省1cm，臀围线收0.5cm，画顺后中线。

⑦ 绘制后刀背缝。后片省道位置向侧缝方向移6cm，从R点沿袖窿弧线向下1～2cm处作为刀背缝的起点，用圆顺的曲线连接后腰省并顺势延长至底边线。

⑧ 前腰省从BP点向侧缝方向移6cm，确定刀背缝位置，用圆顺的曲线绘制前刀背缝。

⑨ 旋转灰色部分，使L_1线、L_2线重合，S_1'点、S_1点重合，把省道转移至前刀背缝位置，用圆顺的曲线连接前片袖窿省和腰省。

⑩ 绘制前片辅助省，省量大小为前片两条刀背缝的长度差。

⑪ 根据款式画前止口及底边线，并定扣位。

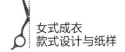
款式39前、后片纱向线转移

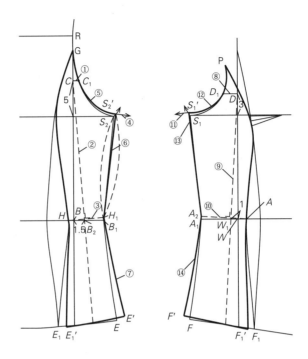

后片：

① 在后侧片上，胸围线向上5cm作一水平线CC_1。

② 将B点向侧缝方向移1.5cm，为B_2点，连接C点和B_2点，作为后侧片新的纱向线。B点为背宽线与腰围线的交点。

③ 从H点向新纱向线画垂线HH_1，作为后侧片的新腰围线。

④ 以H_1点为圆心，以B_1S_2长为半径画圆弧。H_1点为新腰围线与后片侧缝线的交点。

⑤ 复制C_1S_2，以C_1点为基点转动C_1S_2，与圆弧相交于S_2'点。

⑥ GC_1S_2'为后袖窿弧线，连接S_2点和H_1点，作为后侧缝的上半部分。

⑦ 复制腰围线以下部分HE_1EB_1，以H点为基点转动，使HB_1与HH_1重合。腰围线以下部分为$HE_1'E'H_1$。

前片：

⑧ 在前侧片上，胸围线向上3cm作一水平线DD_1。

⑨ 将W点向侧缝方向移1cm，连接D点和W_1点，作为前侧片新的纱向线。W为胸宽线与腰围线的交点。

⑩ 从A点向新纱向线画垂线AA_2，作为前侧片的新腰围线。

⑪ 以A_2点为圆心，以A_1S_1为半径画圆弧。A_2点为新腰围线与前片侧缝线的交点。

⑫ 复制前袖窿弧线D_1S_1，以D_1点为基点转动D_1S_1，与圆弧交与S_1'点。

⑬ PD_1S_1'为前袖窿弧线，连接S_1'点和A_2点，作为前侧缝线上半部分。

⑭ 复制腰围线以下部分AF_1FA_1，以A点为基点转动，使AA_1与AA_2重合。腰围线以下部分为$AF_1'F'A_2$。

款式39袖子制图（AH制图法制作一片袖）

制图前的准备工作：

1. 量取前、后袖窿弧线的尺寸。
2. 复制前、后衣片的袖窿弧线。

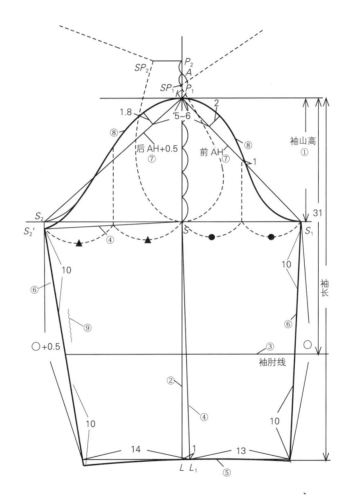

① 取平均肩高点 A。确定袖山高，袖山高为 5/6AS。

② 取袖长 KL 为45cm。

③ 从 K 点向下31cm确定袖肘线。

④ 确定袖子的前倾量 LL_1 为1cm，连接 S 点和 L_1 点，作为袖子的新基准线。从 S 点作新基准线的垂线 SS_2'。

⑤ 确定袖口大小，前袖口宽13cm，后袖口宽

14cm。

⑥ 连接袖底缝线，使后袖底缝线比前袖底缝线长0.5cm，并修顺袖口弧线。

⑦ 绘制前、后袖山斜线。
前袖山斜线为前AH
后袖山斜线为后AH+0.5

⑧ 绘制前、后袖山弧线。

⑨ 确定后片底袖吃缝位置。

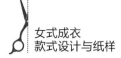

款式39完成图

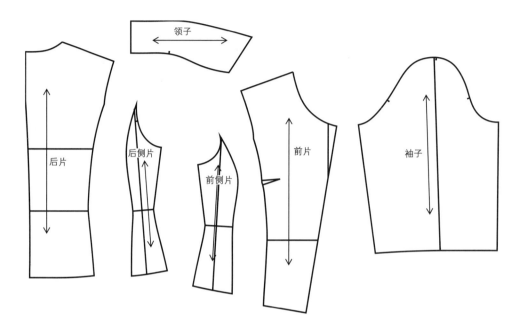

领子

后片

后侧片

前侧片

前片

袖子

款式40

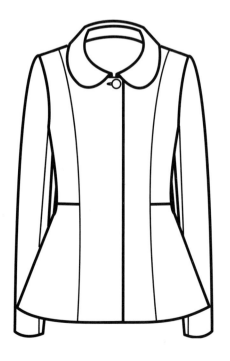

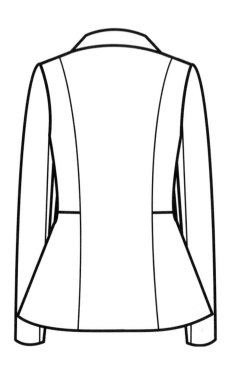

款式40衣身制图

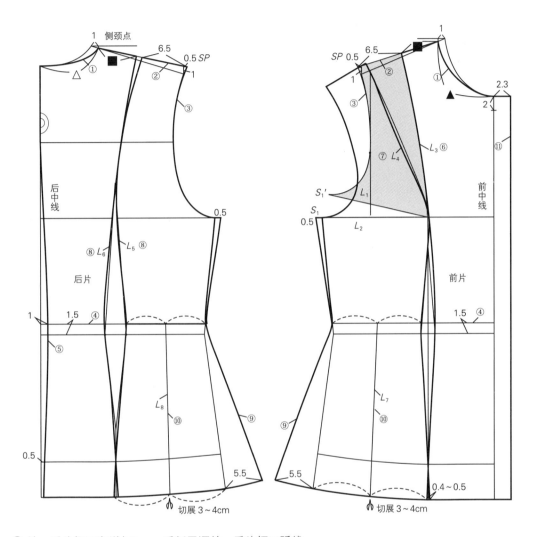

① 前、后片领口宽增加1cm，重新画顺前、后片领口弧线。

② 前、后片肩端点纵向抬高1cm（增加垫肩量），肩宽增加0.5cm，画前、后肩斜线。

③ 修顺前、后袖窿弧线。

④ 前、后片腰节线向上抬高1.5cm。

⑤ 后中线收腰省1cm，臀围处收0.5cm，画顺后中线。

⑥ 绘制前片公主线，从前片SP点沿前肩线取6.5cm设定为公主线L_3并画顺。

⑦ 旋转前片灰色部分，使L_1线、L_2线重合，S_1'点、S_1点重合，把省道转移至公主线处，用圆顺的曲线连接，绘制完成L_4线。

⑧ 绘制后片公主线，从侧颈点取■设定为第一条公主线L_6并画顺，从后片SP点沿后肩线取6.5cm设定为第二条公主线L_5。

⑨ 前、后片胸围各减少0.5cm，在前、后片侧缝下摆处分别增加5.5cm，画顺侧缝线。

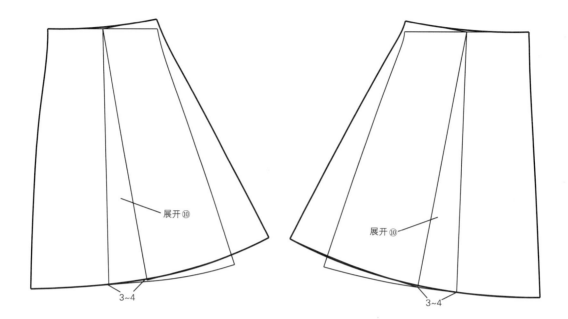

⑩ 设定下摆展开线L_7、L_8的位置，并切展3～4cm。

⑪ 确定前片搭门宽2.3cm及扣眼位置。

款式40领子制图

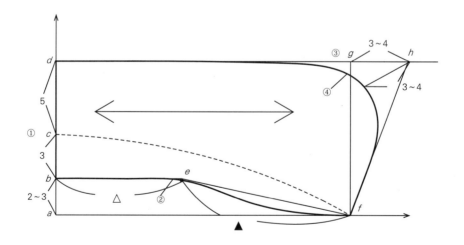

① 设定ab=2～3cm，bc=3cm（领座宽），cd=5cm（翻领宽）。

② 取be为后领口弧线长，ef为前领口弧线长减0.5cm，画顺领下口线。

③ 从d点画水平线，从f点画垂直线，交于g点。

④ 从g点取gh为3～4cm，角分线上取3～4cm作为辅助线，画顺领外口弧线。

款式40袖子制图（AH制图法制作两片袖）

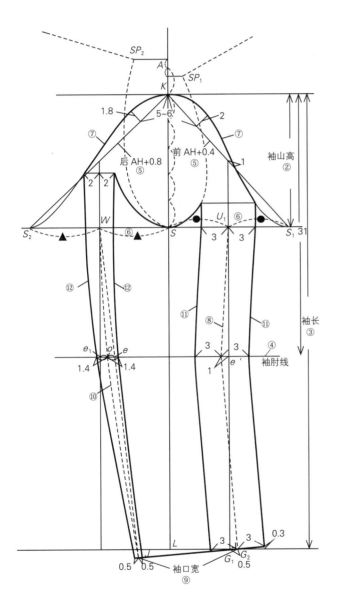

制图前的准备工作：

1. 量取前、后袖窿弧线的尺寸。
2. 复制前、后衣片的袖窿弧线。

① 取平均肩高点A。

② 确定袖山高。袖山高为$5/6AS$。

③ 确定袖长KL为58cm。

④ K点向下31cm确定袖肘线。

⑤ 绘制前、后袖山斜线。
前袖山斜线为前AH+0.4cm
后袖山斜线为后AH+0.8cm

⑥ 绘制前、后袖肥的等分线。

⑦ 绘制前、后袖山弧线。

⑧ 设定内袖的方向性。在袖肘线上从e'点向左取1cm，在袖口线上从G_1点向右取0.5cm为G_2点，连接U_1点和G_2点，作为前偏袖标准线。

⑨ 确定袖口。袖口宽G_2J为13cm。

⑩ 设定外袖的方向性。连接W点和J点，与袖肘线交于e点，o点为ee_1的中点，连接W点、o点和J点，作为后偏袖标准线。

⑪ 前袖的借袖量为3cm，分别在左、右两侧画前偏袖标准线的平行线，并画顺至袖山头弧线。

⑫ 后袖的借袖量为2cm，在袖肘线处为1.4cm，在袖口线处为0.5cm，画顺大、小袖的后偏袖线。

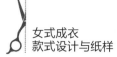

款式40完成图

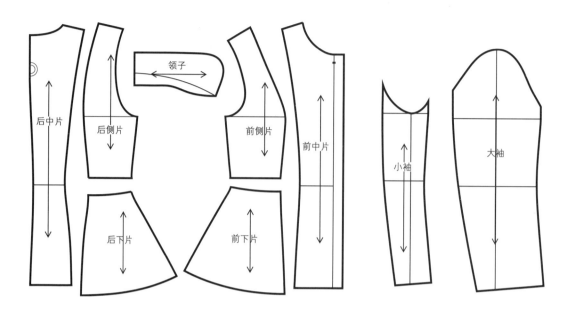

后中片　后侧片　领子　前侧片　前中片　小袖　大袖

后下片　前下片

款式41

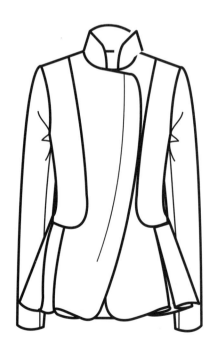
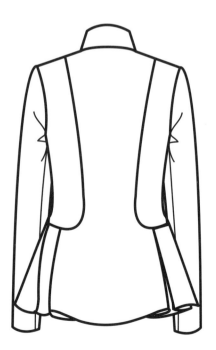

款式41衣身制图

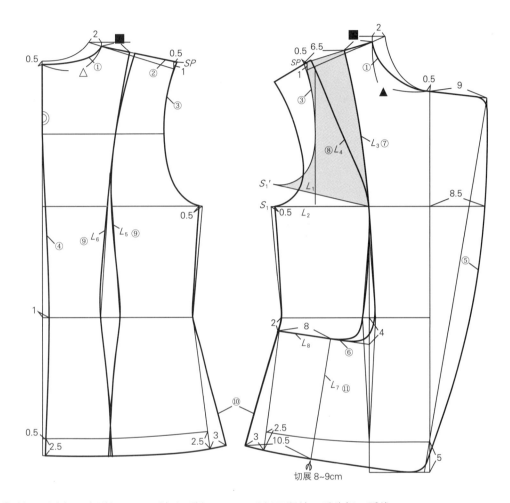

① 前、后片领口宽增加2cm，后领深增加0.5cm，重新画顺前、后片领口弧线。

② 前、后片肩端点纵向抬高1cm（增加垫肩量），肩宽增加0.5cm，画前、后肩斜线。

③ 修顺前、后片袖窿弧线。

④ 后中线处收腰省1cm，臀围处收0.5cm，画顺后中线。

⑤ 设定搭门宽，并依据款式画顺止口线。

⑥ 设定前下片分割线L_8的位置。

⑦ 绘制前片公主线，从前片SP点沿前肩线6.5cm处设定为公主线L_3，并与分割线L_8画顺。

⑧ 旋转前片灰色部分，使L_1线、L_2线重合，S_1'点、S_1点重合，把省道转移至公主线处，用圆顺的曲线连接，绘制完成L_4。

⑨ 绘制后片公主线，从侧颈点取■设定为第一条公主线L_6并画顺，从后片SP点沿后肩线6.5cm处设定为第二条公主线L_5。

⑩ 前、后片胸围收进0.5cm，在侧缝下摆处增加3cm，画顺侧缝线。

⑪ 合并前片腰省的下半部分，并设定下摆展开线L_7的位置，上端切展2～3cm，下端切展8～9cm。

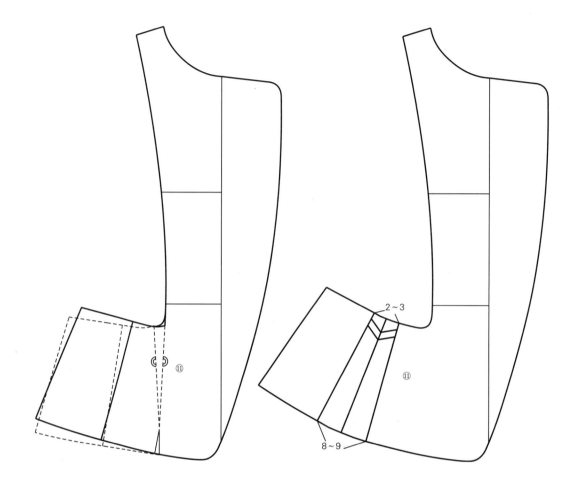

款式41领子制图

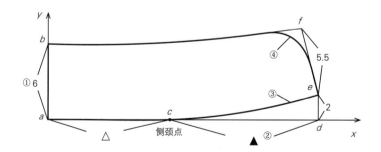

① 在y轴上取领高ab为6cm。

② 在x轴上取ad为后领口弧线长+前领口弧线长。

③ 取起翘量de为2cm，画顺领下口线。

④ 作ef垂直于ce，取5.5cm，作为前领高，并画顺领外口弧线。

款式41袖子制图

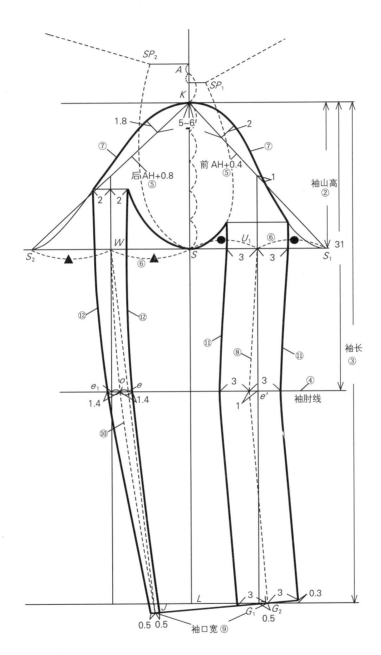

制图前的准备工作：

1. 量取前、后袖窿弧线的尺寸。

2. 复制前、后衣片的袖窿弧线。

① 取平均肩高点A。

② 确定袖山高。袖山高为$5/6AS$。

③ 确定袖长KL为58cm。

④ 确定袖肘线。

袖肘线的确定方法：袖基本纸样上袖肥线至袖肘线的长度等于衣身基本纸样上胸围线至腰围线的距离

⑤ 绘制前、后袖山斜线。

前袖山斜线为前AH+0.4cm

后袖山斜线为后AH+0.8cm

⑥ 绘制前、后袖肥的等分线。

⑦ 绘制前、后袖山弧线。

⑧ 设定内袖的方向性。在袖肘线上从e'点向左取1cm，在袖口线上从G_1点向右取0.5cm为G_2点，用虚线连接，作为前偏袖标准线。

⑨ 确定袖口。袖口宽G_2J为13cm。

⑩ 设定外袖的方向性。连接W点和J点，与袖肘线交于e点，o点为ee_1的中点，连接W点、o点和J点，作为后偏袖标准线。

⑪ 前袖的借袖量为3cm，分别在左、右两侧画前偏袖标准线的平行线，并画顺至袖山头弧线。

⑫ 后袖的借袖量为2cm，在袖肘线处为1.4cm，在袖口线处为0.5cm，画顺大、小袖的后偏袖线。

款式41完成图

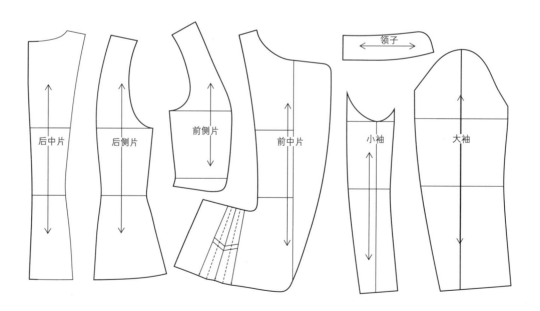

第六章

连衣裙的结构
设计与纸样

第一节
连衣裙基本纸样的结构设计

连衣裙基本纸样的结构名称

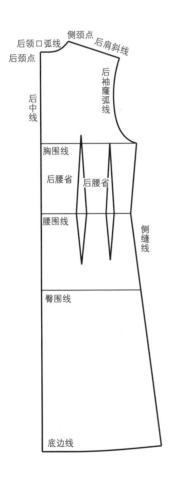

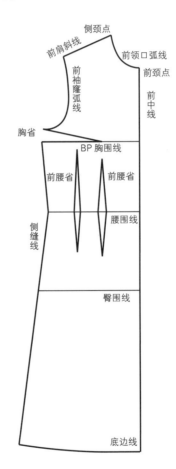

连衣裙基本纸样的制图方法

● 连衣裙基本纸样尺寸 　　　　　　　　　　　单位：cm

部位	胸围	腰围	臀围	肩宽	领围	裙长
尺寸	94	72	98	39	38	98

● 连衣裙基本纸样制图

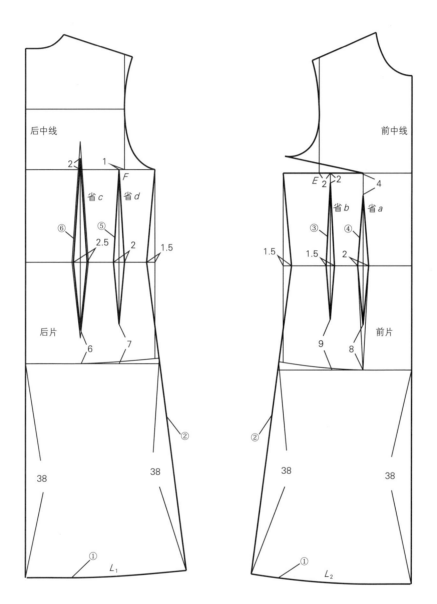

① 上衣基本纸样的衣长延长38cm，确定连衣裙基本纸样的长度。

② 作原底边线的平行线L_1和L_2，延长侧缝线使之与新的底边线相交。

③ 胸宽线与胸围线的交点为E点，从E点向右2cm确定省b的位置，省b的省量为1.5cm，省b的上止点距胸围线2cm，下止点距臀围线9cm。

④ 修改省a的下止点，距臀围线8cm。

⑤ 背宽线与胸围线的交点为F点，从F点向左1cm确定省d的位置。省d的省量为2cm，省d的上止点在胸围线上，下止点距臀围线7cm。

⑥ 修改省c的省量为2.5cm，省c的上止点为胸围线向上2cm，下止点距臀围线6cm。

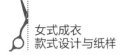

 第二节
无腰线型连衣裙

款式42

款式43

款式44

● 结构分析

◎ 无腰线型连衣裙是上衣衣身和裙子连在一起、在腰部没有断开的一种服装款式，是女装结构设计中的一个典型品种。

◎ 款式42为贴体型连衣裙，无袖，腰部设置四个省，衣身上的胸省转入前中作为褶。

◎ 款式43的设计重点为插肩袖。前胸设计为斜向分割，腰部设置四个省，突出表现合体的胸部及腰部。

◎ 款式44为H型，设计重点为前片的分割线及连肩袖造型。

● 制图要点

◎ 插肩袖的纸样设计。

◎ 连肩袖的纸样设计。

● 规格尺寸

单位：cm

款式 \ 部位	胸围	腰围	臀围	肩宽	裙长
款式42	92	70	98	33.5	93
款式43	94	70	98	39	102
款式44	94	74	97	39	95

款式42

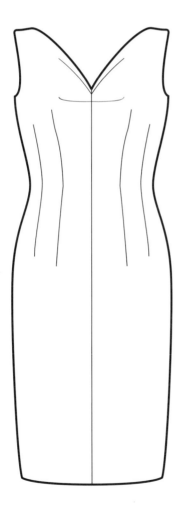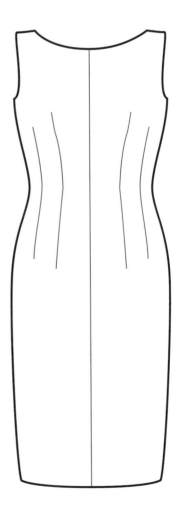

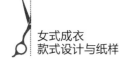

款式42衣身制图

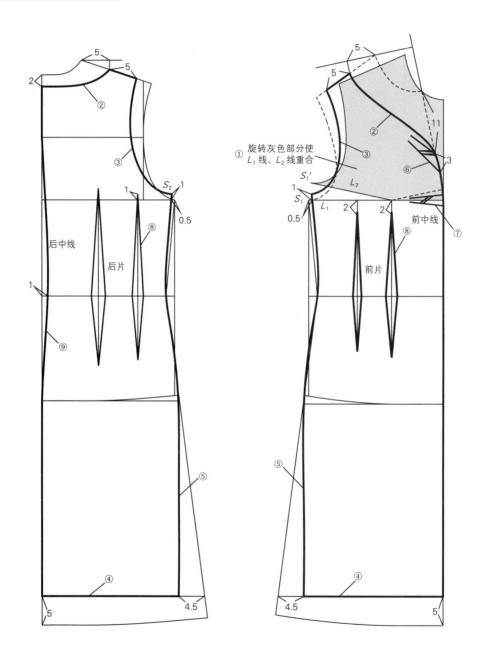

① 旋转灰色部分，使L_1线、L_2线重合，S_1点和S_1'点重合，把胸省转移至前中线处。

② 前、后领口宽各增加5cm，后领口深增加2cm，前领口深增加11cm，依据款式图画顺前、后领口弧线。

③ 前腋点S_1、后腋点S_2纵向抬高1cm，横向收进0.5cm，画顺前、后袖窿弧线。

④ 裙长减短5cm，确定底边线。

⑤ 前、后片裙摆从侧缝处各收进4.5cm，并画顺前、后片侧缝线。

⑥ 确定领口褶的褶量和方向。

⑦ 将前中线处的省量移到胸围线处，制成活褶。

⑧ 调整前、后片腰省的长度。

⑨ 在后中腰围线处收1cm腰省，并画顺后中线。

款式42完成图

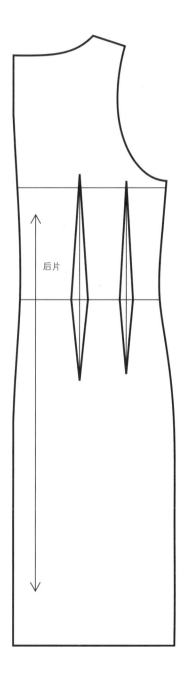

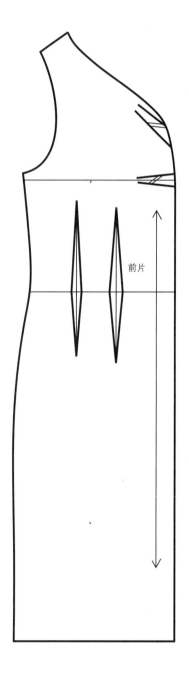

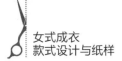
款式43

款式43衣身制图

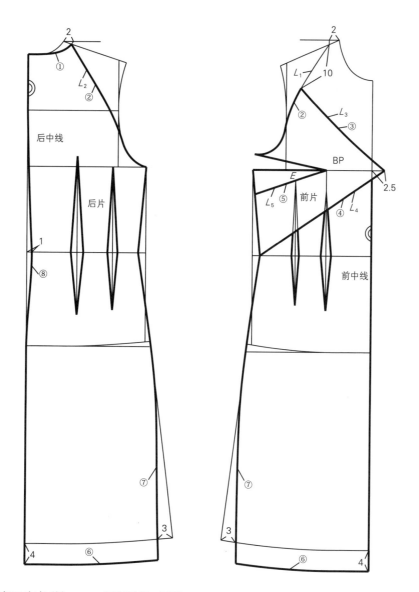

① 前、后领口宽各增加2cm，画顺后领口弧线。

② 依据款式图，设定前、后片插肩线L_1、L_2的位置。

③ 依据款式图，设定前片领口线L_3的位置。

④ 设定前片胸腰部分割线L_4的位置。

⑤ 连接BP点与E点，并延长至侧缝线，作为前片转省辅助线L_5。

⑥ 前、后片裙长加长4cm，修顺底边弧线。

⑦ 前、后侧缝在裙摆位置各收进3cm，并画顺侧缝线。

⑧ 后中腰围线处收腰省1cm，并画顺后中线。

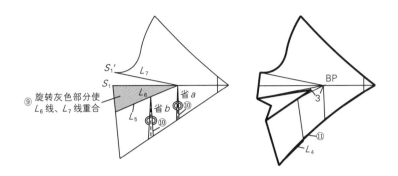

⑨ 旋转灰色部分使
L_6线、L_7线重合

⑨ 旋转灰色部分，使L_6线和L_7线重合，S_1点和S_1'点重合，把胸省转移到L_5线处，减短胸省尖点，距BP点3cm。

⑩ 延长省a、省b至胸围线处并合并。

⑪ 修顺L_4线。

款式43袖子制图

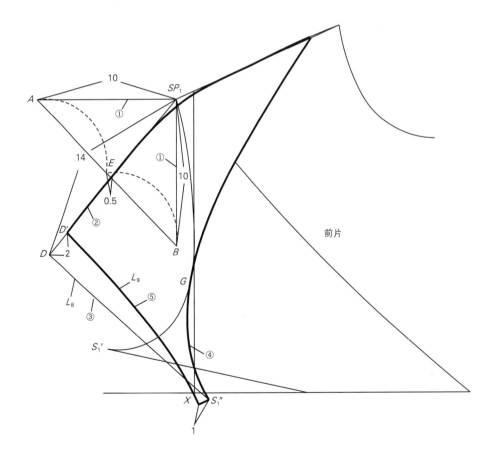

前片袖制图：

① 从前衣片肩点SP_1作水平线SP_1A，作垂直线SP_1B。

SP_1A=10cm

SP_1B=10cm

② AB的中点向下0.5cm为E点，连接SP_1点和E点并延长，在其上取袖山高SP_1D。SP_1D为14cm。

③ 画SP_1D的垂线L_8。

④ 插肩线与前袖窿弧线切于G点，G点至L_8线画弧线，使GS_1'等于GS_1''，弧度相似，方向相反，由此确定前袖肥。

⑤ 确定袖口线L_9，画GS_1''的垂直线长1cm，确定X点，从D点向上2cm确定D'点，用圆顺的曲线连接D'点和X点，作为前袖口线。

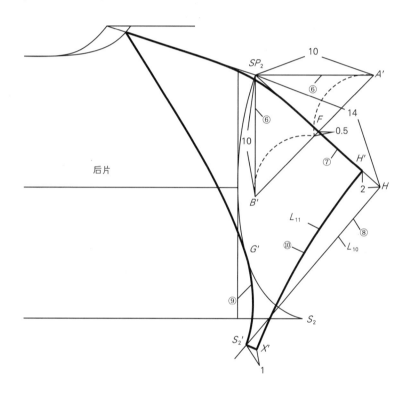

后片袖制图：

⑥ 从后片肩点SP_2作水平线SP_2A'，作垂直线SP_2B'。

SP_2A'=10cm

SP_2B'=10cm

⑦ $A'B'$的中点向上0.5cm为F点，连接SP_2点和F点并延长，在其上取袖山高SP_2H，SP_2H=14cm。

⑧ 画SP_2H的垂线L_{10}。

⑨ 插肩线与后袖窿弧线切于G'点，G'点至L_{10}线画弧线，使$G'S_2'$等于$G'S_2$，弧度相似，方向相反，由此确定后袖肥。

⑩ 确定袖口线L_{11}，画GS_2'的垂直线长1cm，确定X'点，从H点向上2cm确定H'点，用圆顺的曲线连接H'点和X'点，作为后袖口线。

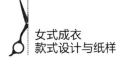
款式43完成图

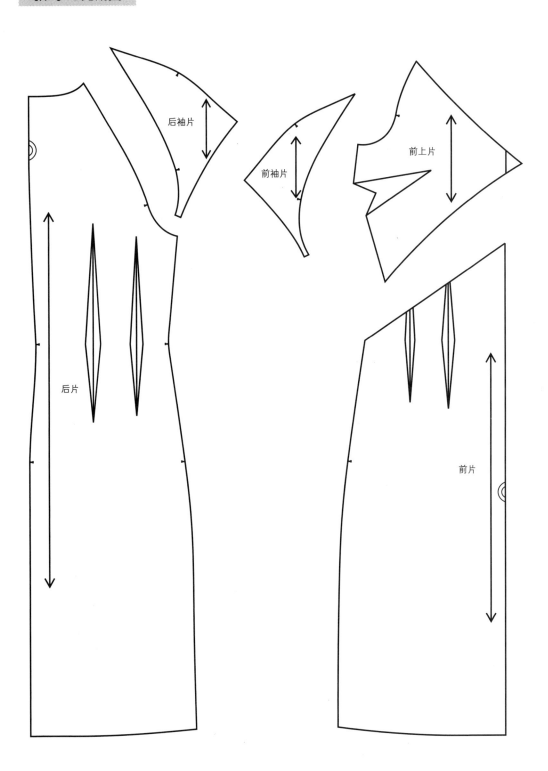

后袖片

前袖片

前上片

后片

前片

款式44

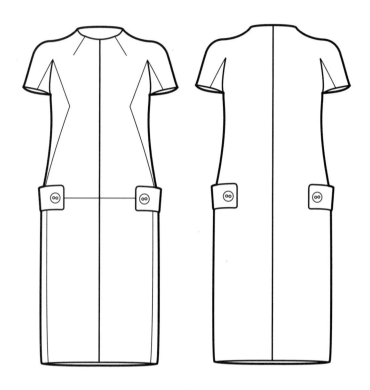

款式44前片省道处理

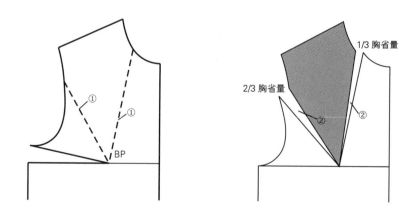

① 依据款式图，从BP点向前领口线、前袖窿线作切开线。
② 把胸省量的1/3转入领口作为领口省，胸省量的2/3转入袖窿。

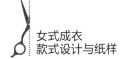
款式44前片制图

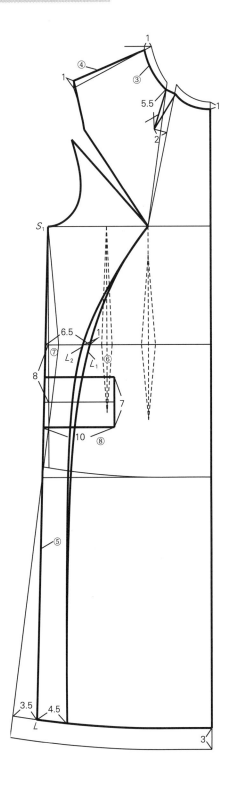

③ 前片领口宽增加1cm，前领口深增加1cm，修改领省的长短及方向，画顺领口弧线。

④ 前肩点抬高1cm，重新画顺肩斜线和袖窿弧线。

⑤ 裙长减短3cm，裙摆从侧缝处收进3.5cm，直线连接S_1点和L点。

⑥ 依据款式图，设定分割线L_1。

⑦ 腰部收1cm省量，确定L_2线。

⑧ 依据款式图，设定腰襻的位置及大小。

款式44后片制图

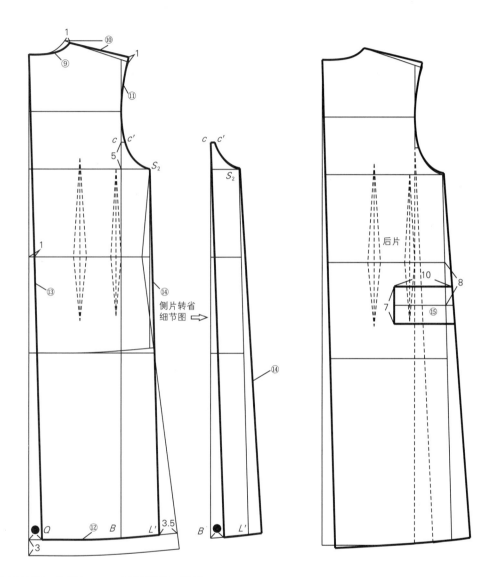

⑨ 后片领口宽增加1cm，画顺后领口弧线。

⑩ 后片肩点抬高1cm，重新画顺后肩斜线。

⑪ 画顺后袖窿弧线。

⑫ 裙长减短3cm，裙摆从侧缝处收进3.5cm，直线连接S_2点和L'点。

⑬ 在后中腰围线处收1cm腰省，延长后中线并与底边线交于Q点。

⑭ 延长背宽线与底边线交于B点，在胸围线的背宽线处向上5cm设为c点，从c点画水平线与袖窿弧线交于c'点，以c点为基点向右旋转$cBL'S_2c'$。修顺后片底边弧线，打开量●为后中线处在底边去掉的量●。

⑮ 依据款式图，设定腰襻的位置及大小。

款式44袖子制图

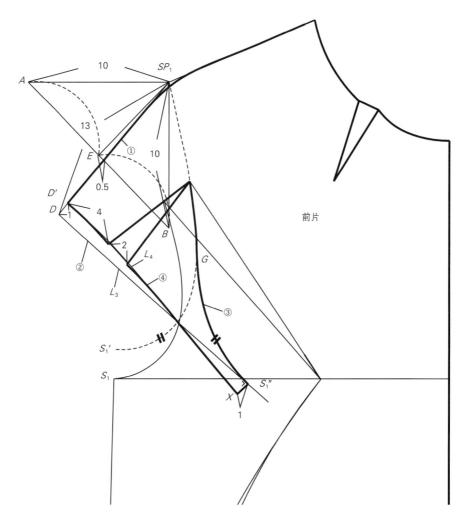

前片袖制图：

① 从前衣片肩点SP_1作水平线SP_1A，作垂直线SP_1B。

　　$SP_1A=10cm$

　　$SP_1B=10cm$

　　AB的中点向下0.5cm为E点，连接SP_1点和E点并延长，在其上取袖山高SP_1D，SP_1D为13cm。

② 画SP_1D的垂线L_3。

③ 从G点至L_3线画弧线，使GS_1'等于GS_1''，弧度相似，方向相反，由此确定前袖肥。

④ 画GS_1''的垂直线长1cm，确定X点，从D点向上1cm确定D'点，用圆顺的曲线连接D'点和X点，作为袖口线，并在其上收一个2cm的省。

后片袖制图：

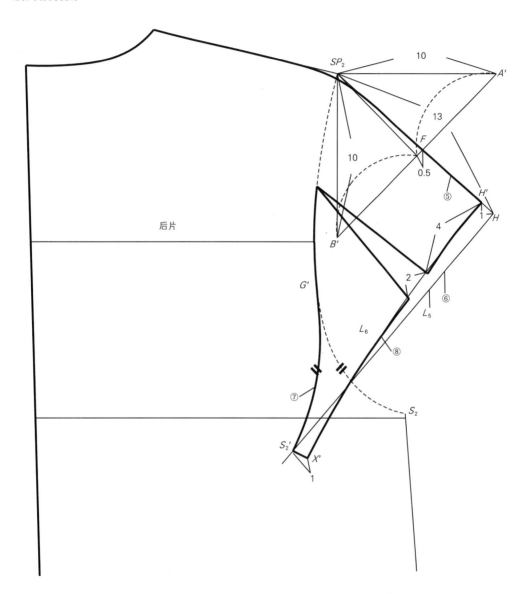

⑤ 从后片肩点SP_2作水平线SP_2A'，作垂直线SP_2B'。

SP_2A' =10cm

SP_2B' =10cm

$A'B'$ 的中点向上0.5cm为F点，连接SP_2点和F点并延长，在其上取袖山高SP_2H，SP_2H为13cm。

⑥ 画SP_2H的垂线L_5。

⑦ 从G'点至L_5线画弧线，使$G'S_2$等于$G'S_2'$，弧度相似，方向相反，由此确定后袖肥。

⑧ 确定袖口线L_6，画$G'S_2'$的垂直线长1cm，确定X'点，从H点向上1cm确定H'点，用圆顺的曲线连接H'点和X'点，作为袖口线，并在其上收一个2cm省。

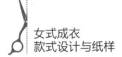

款式44完成图

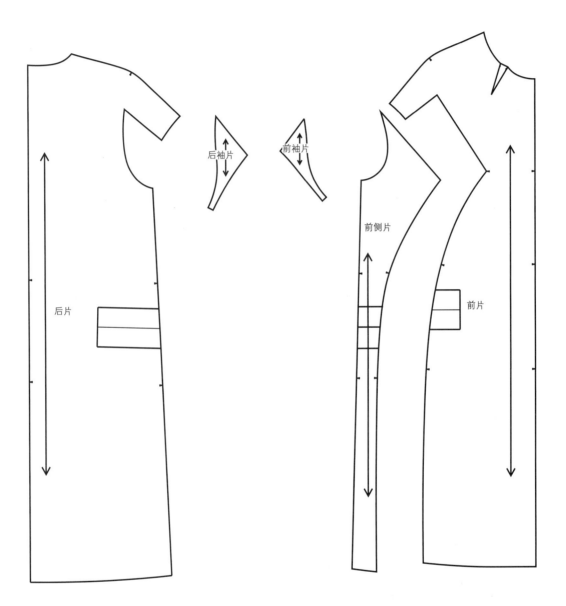

后袖片

前袖片

后片

前侧片

前片

第三节
有腰线型连衣裙

款式45　　款式46

● **结构分析**

◎ 连衣裙的腰线是上衣衣身与裙子的组合部位。有腰线型连衣裙根据腰线的剪接部位不同可分为标准腰线型、高腰线型、低腰线型。

◎ 款式45为标准腰线型。腰线的剪接位置在腰部最细处附近，是连衣裙最基本的分割方式。圆领，合体袖型，衣身上的省量转入刀背缝中，裙身的省量转入裙摆中。同时，裙身部位通过切展纸样，继续加大褶量，形成褶裥裙。

◎ 款式46为高腰线型。腰线的剪接位置在腰围线和胸围线之间，配合上半身合体的剪裁及下半身宽裙摆的设计，使整体呈现X造型。衣身采用公主线形式，衣身上的省量转入公主线中。裙身采用12片结构，此种结构可以很好地加大裙摆围度。

● **制图要点**

◎ 褶裥的加放方法。
◎ 裙摆的加放方法。

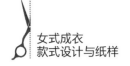

女式成衣
款式设计与纸样

● 规格尺寸

单位：cm

款式 \ 部位	胸围	腰围	肩宽	裙长
款式45	94	75	39	79
款式46	92	70	—	104

款式45

款式45衣身制图

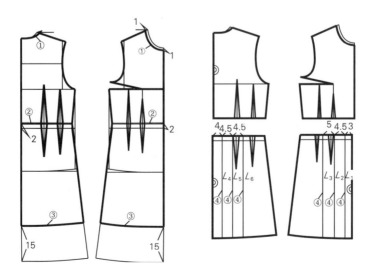

① 前、后领口宽各增加1cm，前领口深增加1cm，画顺前、后领口弧线。

② 前、后腰围线上抬2cm，并剪开。

③ 裙长减短15cm。

④ 依据款式图设定裙片分割线L_1、L_2、L_3、L_4、L_5、L_6的位置。

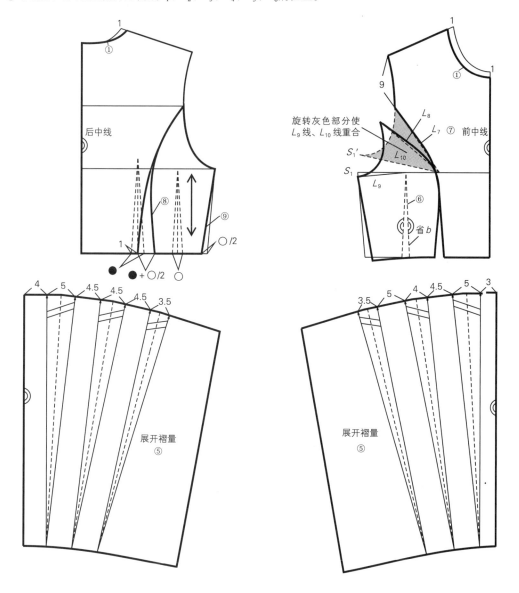

⑤ 沿分割线$L_1 \sim L_6$展开褶量。

⑥ 合并省b。

⑦ 绘制前片刀背缝，从肩点沿袖窿弧线向下9cm，设定刀背缝L_7，并画顺。旋转前片灰色部分，使L_9线和L_{10}线重合，$S_1{'}$点和S_1点重合，把胸省量转移至刀背缝处，用圆顺的曲线完成L_8线。

⑧ 绘制后片刀背缝，后片省道向侧缝方向移1cm，省量为●+○/2，用圆顺的曲线连接。

⑨ 将剩余的○/2省量在侧缝处收掉。

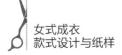

款式45完成图

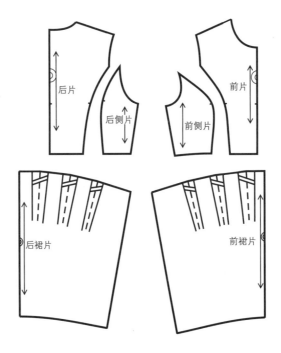

款式46

款式46衣身制图

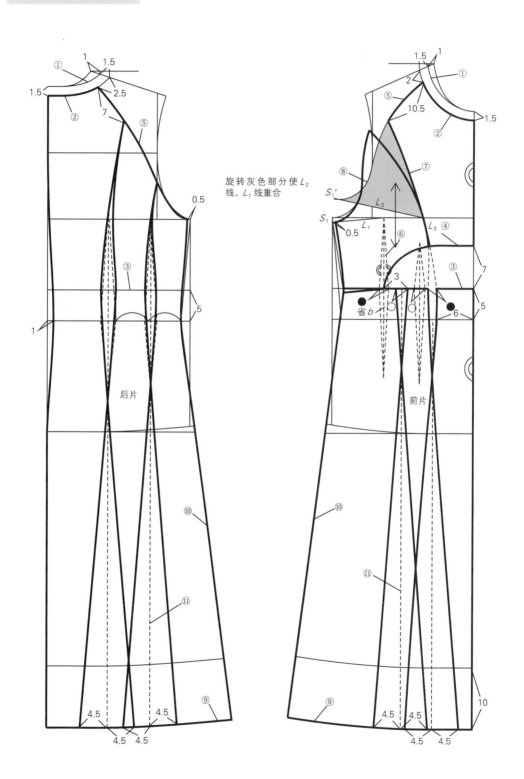

旋转灰色部分使 L_2 线、L_1 线重合

后片

前片

① 前、后片领口宽各增加1cm，画顺前、后领口弧线。

② 确定前、后片领口贴边1.5cm。

③ 连衣裙基本纸样的腰围线向上5cm，确定新的腰部分割线。

④ 依据款式图确定前片镂空的位置和形状，画出分割线L_3。

⑤ 设定前、后片插肩线的位置。

⑥ 延长省b至胸围线，合并省b腰线以上的部分。

⑦ 设定前片刀背缝的位置。

⑧ 旋转前片灰色部分，使L_2线和L_1线重合，S_1'点和S_1点重合，把胸省量转移至刀背缝，用圆顺的曲线修正前片刀背缝。

⑨ 前、后片裙长加长10cm，确定底边线。

⑩ 在前、后片胸围线上从侧缝处收进0.5cm，画顺侧缝线。

⑪ 确定下半身裙子前、后片分割线的位置及加入褶量的大小。

款式46完成图

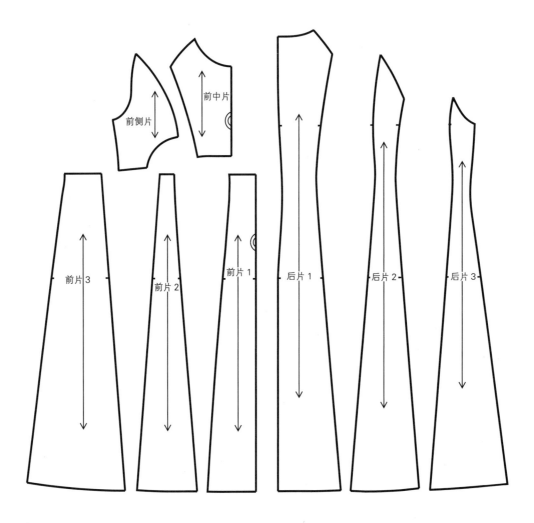